岩波講座
物理の世界

数学から見た物体と運動

岩波講座 物理の世界

物の理 数の理 1

数学から見た物体と運動

砂田利一

岩波書店

編集委員

佐藤文隆

甘利俊一

小林俊一

砂田利一

福山秀敏

本文図版

飯箸　薫

まえがき

> あることはみんな天の書に記されて，
> 人の所業を書き入れる筆もくたびれて，
> さだめは太初からすっかり定まっているのに，
> 何になるかよ，悲しんだとてつとめたとて！
> （オマル・ハイヤーム：ルバイヤート，小川亮作 訳，岩波文庫，1948）

　物理学者のウィグナーが，「何故，数学はこれ程までに物理学に役立つのか」と問いかけたことがある（"On the unreasonable effectiveness of mathematics in natural sciences"（数学の不条理な有効性））．ウィグナーは，高度に発展した数学を用いて物理学を研究した人であるから，自分自身の研究方法を省みてこのような疑問を抱いたのであろうが，ウィグナーほどではなくとも，数学を用いて現実世界（社会）の問題を研究している人は，一度ならずこのような疑問をもつ．それは何故だろうか．

　太陽系の惑星の運動や，電気磁気の性質など，すべての物理的現象は，人間がそれを見ていようがいまいが，そこに厳然として存在するものである．一方，数学は人間の脳の中で作り上げる「形式」，言い換えれば「精神活動」が作りあげた概念と論理を骨格とする学問である．この数学の言葉で自然現象を語れること，場合によっては数学を使うことにより，未来に起こる現象を正確に予測さえできることは，やはり不思議としか言いようがない．もっと言えば，現代では数学なしに物理現象を解き明かすことは不可能と言ってもよいくらいなのである．もし自然あるいは宇宙を創造したものがいるとすれば，この宇宙の創造者はよほど数学を得意としていたのであろう．数学的にこの上もなく美しい宇宙を作り出したのだから．ガリレオ・ガリ

レイは言う．「宇宙という書物は，数学の言葉で書かれている」
と．さらに，イギリスの物理学者ジーンズもこう言う．「偉大な
建築家たる神は，数学者と思われる」と＊．

　読者の中には，高校，大学で数学と物理を学んできた方も多
いと思うが，ウィグナーの問いかけを深刻に考えるまでには至っ
ていないであろう．しかし将来，大学院などでより進んだ物理
学を学ぶとき，恐らくこの問いかけが頭にもたげてくることと
思う．

　本書は，講座「物理の世界」のうち「物の理・数の理」全5
巻の1冊目である．「物の理・数の理」は，数学の立場から，物
理学の基礎を俯瞰しようとするものである．ページ数の関係で，
詳細に立ち入ることはできないが，物理学の諸概念が，いかに
数学的概念として昇華され，逆に数学が物理学に自然な立脚点
を与えるかを示したい．したがって，本書を含めた5巻はウィ
グナーの問いに答えを与えることを目的としているというより，
むしろ，彼の問いかけがもっともなものであることを，数多の
例をもって示すことにあるといってよい．

　全5巻を通じて，大学初年級で学ぶ微分積分学と線形代数を
予備知識として仮定する．この他，群や測度空間，位相空間，バ
ナッハ空間とヒルベルト空間，確率論，超関数や多様体などの
初歩的な事柄を知っていることが望ましいが，必要に応じてそ

　＊　もちろん，このような考え方に懐疑的な人々もいる．ある人は「自然現象も，人
間の脳がもつ制限付きの機能を通して観察し解釈しているに過ぎない．だから，同じ
脳の生産物である数学が物理に役に立っても不思議でも何でもない」と言う．実際，
最近の一部の思想・哲学では，客観としての物理現象を認める立場を，素朴な「プラ
トニズム」(実在主義)として皮肉る傾向がある．特に，極端な認識論的相対主義は，物
理的実在はその根底において社会的かつ言語的構築物に過ぎないと宣言する．しかし，
2000年以上の歴史の中で培われてきた自然現象への理解と，時を越えた普遍性を有す
る科学的成果を否定するには，その思想・哲学自身が素朴に過ぎる．

れらの概観は説明することにする．また，本書を読むに当たって，あらかじめ物理学の基礎知識を習得しておくのが望ましい．

なお，本文中に与えた多数の「例題」と「演習問題」は，内容の理解を深めるためばかりではなく，読み進めるために必要な事柄をまとめているという意味で，定理や補題の代わりでもある．機械的計算のみで解ける演習問題には解答を与えないが，アイディアを必要とするものや重要なものは例題として，解あるいはヒントを与えた．また，本書では詳しく述べられなかった話題について，「課題」という形で将来学ぶべき事柄をまとめた．さらに，ともすれば限られたページ数の中で無味乾燥になりがちなストーリーを補うため，「囲み」を挿入することによって，歴史的背景や関連するトピックを取上げることにした．物理学を学ぶものには数学の考え方を知るために，数学を学ぶものには物理学からの動機付けを得るために本書を活用してほしい．

ここで第1巻である本書で扱う内容について述べておこう．

本巻では，ニュートン力学の数学的取り扱いについて解説する．空間の中で時間の推移と共に運動する物体を研究するのが力学であるから，まず「空間，時間，物体，運動」とは何かを数学的に理解しなければならない．ニュートン(1643-1727)が確立した古典力学においては，空間は物体の「いれもの」であり，運動は時間の進行に伴う物体の位置の変化である．そして，空間，時間，物体は互いに独立した概念である．さらに，物体の運動を観察する人間の行為は，空間，時間，物体に影響を及ぼさない．相対論や量子力学では，これらすべての要請が問題となるのであるが，本巻ではひとまずそれは置くことにする．

第1章で，古典力学における「空間，時間」をアフィン空間の概念を用いて定式化し，ガリレイ時空の概念を導入する．第

2章では，有限個の質点や連続体などを統一的に扱うため，「物体」を測度空間として捉え，さらに空間に「置かれた」物体を，測度空間から時空への可測写像と解釈する．物体の「運動」は，時間をパラメータに持つ可測写像の族と考えられ，ニュートンの運動法則は，それが満たす微分方程式として定式化される．これは第3章の主題である．第4章は，全巻を通して用いられるベクトル解析の解説に当てられる．重力場，電場，磁場の下での運動は，第5章で扱われる．その中で，超関数の概念が重要な役割を果たす．

これは，5巻全体を通して言えることだが，物理的概念を適切な数学的な概念に「翻訳」するとき，数学的「自然さ」を強調する．そのため，通常の「翻訳」に較べて，冗長さを感じるかもしれない．しかし，数学的に自然な概念への「翻訳」を追及することによって，物理法則の真に意味することを理解できると確信する．

2003年12月

砂田利一

目　次

まえがき

1 空間と時間 ･････････････････････ 1
　1.1 アフィン空間　1
　1.2 アフィン空間の向き　9
　1.3 ガリレイ時空　15

2 物体──質点系 ･････････････････････ 19
　2.1 質点系　20
　2.2 慣性中心，慣性モーメント　24

3 運　動 ･････････････････････ 30
　3.1 運動方程式　30
　3.2 常微分方程式　39
　3.3 調和振動子系　46

4 ベクトル解析からの準備 ･････････････････････ 49
　4.1 勾配，発散，回転　49
　4.2 曲線，曲面に沿う接ベクトル場　56

5 重力場，電場，磁場 ･････････････････････ 63
　5.1 重力場　63
　5.2 超関数とポアソンの方程式　69
　5.3 流れの密度，エネルギー運動量テンソル，力の密度　84
　5.4 静電場と静磁場　86

参考文献　101
索　引　103

1
空間と時間

われわれの前に広がる空間と時間を併せた**時空**は，等質・等方・平坦であり，数学的には 4 次元の**アフィン空間**により表わされる．このことは，ニュートン力学に対する**ガリレイ時空**(1.3 節)でも，特殊相対論に対する**ミンコフスキー時空**でも同じである．双方とも，物理的事象は特別な座標系である**慣性系**により観測・記述される．ただ，時空の数学的構造が異なるのである．

本章ではアフィン空間の基本的事柄と，空間の**向き**について解説し，最後にガリレイ時空について述べる．

■1.1 アフィン空間

まず，アフィン空間について述べよう．アフィン空間は，ユークリッド幾何学がおこなわれる空間の性質のうち，平坦性を保証する平行線の公理に立脚した構造を取り出し抽象化した空間概念である(じつは，この一言のために，ユークリッドの時代からガウスの登場まで 2000 年以上の時を要したのであるが)．原点を指定することにより，アフィン空間は線形空間と同一視される．したがってアフィン空間は線形空間と思ってもよいが，われわ

れの時空にはあらかじめ決められた特別な点がないことを強調するのに適した概念がアフィン空間なのである*.

実数全体を $\mathbb{R}$ により表わす.集合 A と $\mathbb{R}$ 上の線形空間 L,および写像 $\varphi: A \times L \longrightarrow A$ が与えられ,つぎの性質をもつとき,A を(L をモデルとする)**アフィン空間**という.$\varphi(p, \boldsymbol{u}) = p + \boldsymbol{u}$ と表わすとき,

(i) $(p + \boldsymbol{u}) + \boldsymbol{v} = p + (\boldsymbol{u} + \boldsymbol{v})$,
(ii) $p + \boldsymbol{0} = p$. ここで $\boldsymbol{0}$ は L の零ベクトルを表わす.
(iii) 各 $p \in A$ について,対応 $\boldsymbol{u} \mapsto p + \boldsymbol{u}$ は L から A への全単射を与える.

$\boldsymbol{u} \in L$ を留めたとき,対応 $p \mapsto p + \boldsymbol{u}$ を,方向 $\boldsymbol{u}$ の**平行移動**という.

条件(iii)から,A の任意の2点 p, q に対して,$q = p + \boldsymbol{u}$ を満たす L のベクトル $\boldsymbol{u}$ がただ1つ存在する.$\boldsymbol{u}$ を $q - p$ と置くと,つぎの性質が成り立つ.

(a) $p - q = -(q - p)$, (b) $(r - q) + (q - p) = r - p$,
(c) $p + (q - r) = q + (p - r)$, (d) $(p - q) + \boldsymbol{u} = (p + \boldsymbol{u}) - q$.

L の次元をアフィン空間 A の**次元**という.1次元アフィン空間を**アフィン直線**,2次元アフィン空間を**アフィン平面**という.線形空間 L 自身,アフィン空間である.実際,$\varphi(\boldsymbol{u}, \boldsymbol{v}) = \boldsymbol{u} + \boldsymbol{v}$ と定義すればよい.

L をモデルとするアフィン空間 A の部分集合 A_1 について,もし L の部分線形空間 L_1 が存在して,$p \in A_1$, $\boldsymbol{u} \in L_1 \longrightarrow p + \boldsymbol{u} \in A_1$ を満たし,しかもこの演算により A_1 が L_1 をモデルとするア

＊ 以下,集合,写像,線形空間,線形写像についてはすでに慣れ親しんでいるものとする.不慣れな読者は,巻末の文献[1]などを参照してほしい.アフィン空間を既知とする読者は,ただちに 1.3 節に移ってもよい.

フィン空間となるとき，A_1 を A の**アフィン部分空間**とよぶ．

上のアフィン空間の定義において，L が有限次元計量線形空間(内積をもつ線形空間)であるとき，A を**ユークリッド空間**という．これが，(単位の長さを決めたときの)ユークリッド空間の現代的定義である．n 次元ユークリッド空間を E^n により表わす．L における内積(計量)を $\boldsymbol{x} \cdot \boldsymbol{y}$ により表わす．$\sqrt{\boldsymbol{x} \cdot \boldsymbol{x}}$ を $\boldsymbol{x}$ の**ノルム**(あるいは**大きさ**)といい，$\|\boldsymbol{x}\|$ により表わす．

例 ユークリッド幾何学のおこなわれる平面(空間)E は，つぎのようにしてアフィン空間となる．まず，L としては，幾何ベクトルの全体のなす線形空間とする．ここで，幾何ベクトルとは，有向線分の同値類のことであって，平行移動で移りあう有向線分は同値と定めたものである．点 p と幾何ベクトル $\boldsymbol{u}$ の「和」$q=p+\boldsymbol{u}$ を $\boldsymbol{u}=\overrightarrow{pq}$ となるただ 1 つの点 q として定義する．点の差 $q-p$ は $\overrightarrow{pq}$ にほかならない．これらの演算がもつ性質を抽象化したものが，上のアフィン空間の定義なのである．さらに長さの単位となる線分を決めたとき，E は上で定義した意味でのユークリッド空間でもある．実際，$\boldsymbol{u}=\overrightarrow{pq},\boldsymbol{v}=\overrightarrow{pr}$ とするとき，$\boldsymbol{u},\boldsymbol{v}$ のなす角 $\angle qpr$ を θ として，$\boldsymbol{u} \cdot \boldsymbol{v}=\|\boldsymbol{u}\|\,\|\boldsymbol{v}\|\cos\theta$ とおくことにより，L における内積が定められる(ただし，$\|\boldsymbol{u}\|$ は線分 pq の長さである)．

$\mathbb{R}^n$ により実数の n 個の組 $(x_1,\cdots,x_n)$ $(x_i \in \mathbb{R})$ 全体を表わし，これを **n 次元数空間**という．$\mathbb{R}^n$ は自然な演算により線形空間となる．$\mathbb{R}^n$ を線形空間と思うときは，その元 $(x_1,\cdots,x_n)$ を縦に並べた列ベクトル ${}^t(x_1,\cdots,x_n)$ と同一視する．$\mathbb{R}^n$ の**標準的計量**(内積)は $\boldsymbol{x} \cdot \boldsymbol{y}={}^t\boldsymbol{x}\boldsymbol{y}=x_1y_1+\cdots+x_ny_n$ により定義される．

n 次元アフィン空間 A において，A の点 o および L の順序のついた基底 $\mathcal{E}=(\boldsymbol{e}_1,\cdots,\boldsymbol{e}_n)$ は，つぎのようにして点 o を原点とする**斜交座標系** $(o,\mathcal{E})$ を定める．A から n 次元数空間 $\mathbb{R}^n$ への写像 $p \mapsto (x_1,\cdots,x_n)$ を

$$p-o = x_1\boldsymbol{e}_1+\cdots+x_n\boldsymbol{e}_n$$

とすることにより定義すると,この写像は全単射(一対一の対応)である.$(x_1,\cdots,x_n)$ を p の**座標**という.別の点 o_1 と基底 $\mathcal{F}=\{\boldsymbol{f}_1,\cdots,\boldsymbol{f}_n\}$ に対する斜交座標系 $(o_1,\mathcal{F})$ に関して,点 p の座標を $(y_1,\cdots,y_n)$ とするとき,

$$y_i = \sum_{j=1}^{n} a_{ij}x_j + b_i$$

なる関係がある.ここで,$\boldsymbol{e}_i=\sum_{j=1}^{n}a_{ji}\boldsymbol{f}_j$ であり,$(b_1,\cdots,b_n)$ は o の $(o_1,\mathcal{F})$ に関する座標である:$o-o_1=b_1\boldsymbol{f}_1+\cdots+b_n\boldsymbol{f}_n$.行列 $A=(a_{ij})$ を,$(o,\mathcal{E})$ から $(o_1,\mathcal{F})$ への**変換行列**という.$(o_1,\mathcal{F})$ から $(o,\mathcal{E})$ への変換行列は A の逆行列 A^{-1} により与えられる.

ユークリッド空間 E^n の斜交座標系 $(o,\mathcal{E})$ において,$\mathcal{E}$ が正規直交基底であるとき,$(o,\mathcal{E})$ を**直交座標系**という.ここで,$\mathcal{E}=(\boldsymbol{e}_1,\cdots,\boldsymbol{e}_n)$ が正規直交基底とは,

$$\boldsymbol{e}_i \cdot \boldsymbol{e}_j = \begin{cases} 1 & (i=j) \\ 0 & (i \neq j) \end{cases}$$

が成り立つことである.

$\|\cdot\|$ をユークリッド空間 E^n のモデル L におけるノルムを表わし,E^n の2点 p,q に対して,$d(p,q)=\|p-q\|$ と置くと,d はつぎの性質を満たす.
(1) $d(p,q)\geq 0$ であり,$d(p,q)=0 \iff p=q$
(2) $d(p,q)=d(q,p)$
(3) (**三角不等式**) $d(p,r) \leq d(p,q)+d(q,r)$

$d(p,q)$ を p,q の間の**ユークリッド距離**という.直交座標系による p,q の座標をそれぞれ $(x_1,\cdots,x_n)$, $(y_1,\cdots,y_n)$ とするとき

$$d(p,q) = \sqrt{(x_1-y_1)^2+\cdots+(x_n-y_n)^2}$$

である.

一般に集合 X と,$X\times X$ 上の実数値関数 d が,上と同様の性質を満たすとき,d を**距離**(関数)といい,(X,d) を**距離空間**という.

距離空間 (X,d) の点列 $\{x_n\}_{n=1}^{\infty}$ が**コーシー列**(基本列)であるとは,任意の正数 ϵ に対して,ある自然数 N が存在して $m,n \geq N \implies d(x_m,x_n)<\epsilon$ が成り立つことをいう.もし,任意のコーシー列 $\{x_n\}_{n=1}^{\infty}$ が収束するとき,(X,d) を**完備な距離空間**という.ユークリッド空間はユークリッド距離に関して完備である(このことは,数直線 $\mathbb{R}$ の距離 $d(x,y)=|x-y|$ に関する完備性に帰着する).距離空間 (X,d) の点 x および正数 ϵ に対して,$U_\epsilon(x)=\{y\in Y; d(x,y)<\epsilon\}$ と置いて,x の ϵ-**近傍**という.X の部分集合 O が条件「O の任意の点 x に対して,$U_\epsilon(x)\subset O$ となる $\epsilon>0$ が存在する」を満たすとき,O を (X,d) の**開集合**という.(X,d) の開集合の全体を $\mathcal{O}$ により表わすとき,つぎの性質が成り立つ.

(i) 空集合 $\emptyset$ および X は $\mathcal{O}$ に属する.
(ii) $\{O_i\}_{i\in I}$ を開集合からなる族とするとき,$\bigcup_{i\in I} O_i \in \mathcal{O}$.
(iii) 有限個の開集合 $O_1,\cdots,O_k$ に対して,$O_1 \cap \cdots \cap O_k \in \mathcal{O}$.

一般に,集合 X の部分集合族 $\mathcal{O}$ が,上の条件(**開集合の公理**)(i),(ii),(iii)を満たすとき,X は $\mathcal{O}$ を開集合の族とする**位相空間**とよばれる.開集合の補集合となるものを**閉集合**という.X の任意の部分集合 A に対して,A を含む(包含関係に関して)最小の閉集合が存在する.これを A の**閉包**といい,$\overline{A}$ により表わす.$\overline{A}=X$ であるとき,A は X において**稠密**であるといわれる.

位相空間の間の写像 $f: X \longrightarrow Y$ について,Y の任意の開集合 U に対して,逆像 $f^{-1}(U)$ が X の開集合であるとき,f は**連続**であるという.さらに,f が一対一の写像(全単射)で f とともにその逆写像 f^{-1} が連続であるとき,f を**同相写像**といい,X,Y は**同相**であるという.もし,X の任意の2点 p,q に対して,それらを結ぶ**連続曲線**が存在するとき,すなわち連続写像 $c:[0,1] \longrightarrow X$ で,$c(0)=p, c(1)=q$ となるものが存在するとき,X は(弧

状)**連結**とよばれる.また,X を覆う任意の開集合族 $\{V_i\}_{i\in I}$ ($\cup_{i\in I}V_i=X$) に対して,I の有限部分集合 $\{i_1,\cdots,i_N\}$ が存在して,$V_{i_1}\cup\cdots\cup V_{i_N}=X$ となるとき,X は**コンパクト**といわれる(コンパクトな位相空間は,数空間の有界閉集合の一般化である).

位相空間は,空間概念をもっとも一般化したものであり,線形空間と並んで,現代数学の基礎的概念のひとつである[2].

2つのアフィン空間の間の写像で,アフィン構造を保つ写像を**アフィン写像**という.すなわち,A, A_1 をそれぞれ線形空間 L, L_1 をモデルとするアフィン空間とするとき,$T: A \longrightarrow A_1$ がアフィン写像とは,ある線形写像 $S: L \longrightarrow L_1$ が存在して,$T(p+\boldsymbol{u})=T(p)+S(\boldsymbol{u})$ がすべての $p\in A, \boldsymbol{u}\in L$ について成り立つことである.S を T の**線形部分**という.アフィン写像 T の像 Image T は,Image S をモデルとする A_1 のアフィン部分空間であり,各 $p\in\text{Image } T$ に対して,逆像 $T^{-1}(p)$ は Ker $S=S^{-1}(\boldsymbol{0})$ をモデルとする A のアフィン部分空間である.

アフィン変換は,アフィン空間からそれ自身へのアフィン写像のことである.アフィン変換 T が全単射であるための条件は,線形部分が線形同型写像となることである.このとき逆写像 T^{-1} もアフィン変換であり,その線形部分は S^{-1} である.$(o, \mathcal{E}), \mathcal{E}=(\boldsymbol{e}_1,\cdots,\boldsymbol{e}_n)$ を A の斜交座標系とする.$S(\boldsymbol{e}_i)=\sum_{j=1}^{n}a_{ji}\boldsymbol{e}_j$ として,$T(o)$ の座標を $(b_1,\cdots,b_n)$ とすれば,$p\in A$ の座標が $(x_1,\cdots,x_n)$ であるとき,$T(p)$ の座標 $(y_1,\cdots,y_n)$ は

$$y_i = \sum_{j=1}^{n}a_{ij}x_j+b_j$$

により与えられる.行列 (a_{ij}) を,$(o, \mathcal{E})$ に関する T の線形部分の行列表示という.アフィン空間 A の全単射であるようなアフィン変換の全体は写像の合成を演算と考えることにより群に

なる．これを**アフィン変換群**という．単位元は恒等変換，逆元は逆写像である．

念のため，群の定義を与えておこう．集合 G が特別な元 e と，2つの演算 $(a,b) \mapsto ab$, $a \mapsto a^{-1}$ をもち，つぎの性質を満たしているとき，G を**群**といい，ab を a,b の**積**，a^{-1} を a の**逆元**という．

(i) 任意の $a,b,c \in G$ に対して，$(ab)c=a(bc)$ が成り立つ（結合律）．

(ii) 任意の $a \in G$ に対して $ea=ae=a$ が成り立つ．e を G の**単位元**といい，すべての群に共通に 1 と記すこともある．

(iii) 任意の $a \in G$ に対して $aa^{-1}=a^{-1}a=e$ が成り立つ．

$ab=ba$ がつねに成り立つとき，G は**アーベル群**とよばれる（この場合，積 ab の代わりに和 $a+b$ を使うことが多く，**加法群**ともいう）．群 G の部分集合 H が G の演算によって閉じているとき，すなわち，単位元 e は H に属し，(i) $a,b \in H \implies ab \in H$, (ii) $a \in H \implies a^{-1} \in H$ であるとき，H を G の**部分群**という．さらに，$a \in H, g \in G \implies gag^{-1} \in H$ であるとき，H を**正規部分群**という．

2つの群 G, G_1 の間の写像 $\rho: G \longrightarrow G_1$ は，$\rho(gh^{-1})=\rho(g)\rho(h)^{-1}$ ($g, h \in G$) を満たすとき，**準同型**（写像）とよばれる．Image ρ, Ker $\rho = \{g \in G; \rho(g)=1\}$ はそれぞれ G_1, G の部分群である．全単射であるような準同型写像は**同型写像**とよばれる．

群の例はきわめて豊富であり，物理学においても重要な概念である．

例

(i) 実数を成分とする n 次の正方行列全体を $M_n(\mathbb{R})$ として，$GL_n(\mathbb{R})=\{A \in M_n(\mathbb{R}); \det A \neq 0\}$ と置く．$GL_n(\mathbb{R})$ は，行列の積により群になる．単位元は単位行列 I_n であり，逆元は逆行列により与えられる．$GL_n(\mathbb{R})$ を，**一般線形群**という．複素数を成分とする一般線形群 $GL_n(\mathbb{C})$ も同様に定義される．

(ii) $\det: GL_n(\mathbb{R}) \to \mathbb{R} \backslash \{0\}$ は乗法群 $\mathbb{R} \backslash \{0\}$ への準同型であるから，$SL_n(\mathbb{R})=\{A \in M_n(\mathbb{R}); \det A=1\}$ は $GL_n(\mathbb{R})$ の部分群であり，**特殊線形群**とよばれる．

(iii) $O(n)=\{A \in M_n(\mathbb{R}); {}^tAA=A{}^tA=I_n\}$ は $GL_n(\mathbb{R})$ の部分群であり，**直交群**とよばれる（${}^tA$ は A の転置行列を表わす）．$A \in O(n)$ を**直交**

行列という．2つの直交座標系の間の変換行列は直交行列である．$SO(n)=\{A\in O(n);\ \det A=1\}$ は $O(n)$ の部分群であり，**回転群**とよばれる．$A\in SO(n)$ を**回転行列**という．

(iv) $U(n)=\{A\in GL_n(\mathbb{C});\ A^*A=AA^*=I_n\}$ は $GL_n(\mathbb{C})$ の部分群であり，**ユニタリ群**とよばれる（$A^*={}^t\overline{A}$ は A の随伴行列を表わす）．$A\in U(n)$ を**ユニタリ行列**という．$SU(n)=\{A\in U(n);\ \det A=1\}$ は**特殊ユニタリ群**といわれる．

(v) 2つの列ベクトル $\boldsymbol{x}={}^t(x_1,\cdots,x_n)$, $\boldsymbol{y}={}^t(y_1,\cdots,y_n)$ に対して，

$$\langle \boldsymbol{x},\boldsymbol{y}\rangle = x_1y_1+\cdots+x_{n-1}y_{n-1}-x_ny_n$$

と置く．$O(n-1,1)=\{A\in GL_n(\mathbb{R});\ \langle A\boldsymbol{x},A\boldsymbol{y}\rangle=\langle \boldsymbol{x},\boldsymbol{y}\rangle\}$ は $GL_n(\mathbb{R})$ の部分群であり，**ローレンツ群**とよばれる．$A\in O(n-1,1)$ を**ローレンツ行列（変換）**という．ローレンツ群の概念は（とくに $n=4$ の場合），特殊相対性理論において重要な役割を果たす*．

例 集合 X について，X からそれ自身への全単射（置換）全体 $\mathcal{S}(X)$ は，合成を積とすることにより，恒等写像を単位元，逆写像を逆元とするような群の構造が入る．これを X の**対称群**（あるいは**置換群**）という．とくに $X=\{1,2,\cdots,n\}$ に対して，$\mathcal{S}(X)$ を n 次の対称群といい，$\mathcal{S}_n$ により表わす．各 $\sigma\in\mathcal{S}_n$ に対して，σ の符号 $\operatorname{sgn}(\sigma)$ を，組 (i,j) $(i<j)$ で，$\sigma(i)>\sigma(j)$ となるものの数（すなわち，σ により転倒する組の数）を k としたとき，$(-1)^k$ として定義する．$\operatorname{sgn}(\sigma\gamma)=\operatorname{sgn}(\sigma)\operatorname{sgn}(\gamma)$ であるから，sgn は $\mathcal{S}_n$ から $1,-1$ からなる群 Z_2 への準同型である．$\operatorname{sgn}(\sigma)=1$ である置換を**偶置換**，$\operatorname{sgn}(\sigma)=-1$ である置換を**奇置換**という．

ユークリッド空間 E^n において，写像 $T:E^n\longrightarrow E^n$ が距離を不変にするとき，すなわち $d(Tp,Tq)=d(p,q)$ $(p,q\in E^n)$ が成り立つとき，T を**合同変換**という．

例題 1.1 合同変換は，アフィン変換であることを示せ．さらに，その線形部分 S は直交変換であること，すなわち，$S(\boldsymbol{u})\cdot S(\boldsymbol{v})=\boldsymbol{u}\cdot\boldsymbol{v}$ $(\boldsymbol{u},\boldsymbol{v}\in L)$

---

* 本講座「物の理・数の理 3」を参照．

が成り立つことを示せ(逆に,線形部分が直交変換であるようなアフィン変換は合同変換である).

【解】 T を合同変換とする.点 $o \in E^n$ を決めたとき,T' を,$T'(p) = o + (T(p) - T(o))$ により定義すれば,$T'(o) = o$ であり,T' も合同変換であるから,最初から $T(o) = o$ と仮定して差し支えない.$S: L \longrightarrow L$ を,$S(\boldsymbol{u}) = T(o + \boldsymbol{u}) - T(o)$ と置いて定義する.このとき,$\|S(\boldsymbol{u}) - S(\boldsymbol{v})\| = \|\boldsymbol{u} - \boldsymbol{v}\|$ であるから,これを用いて

$$2S(\boldsymbol{u}) \cdot S(\boldsymbol{v}) = \|S(\boldsymbol{u})\|^2 + \|S(\boldsymbol{v})\|^2 - \|S(\boldsymbol{u}) - S(\boldsymbol{v})\|^2$$
$$= \|\boldsymbol{u}\|^2 + \|\boldsymbol{v}\|^2 - \|\boldsymbol{u} - \boldsymbol{v}\|^2 = 2\boldsymbol{u} \cdot \boldsymbol{v}$$

を得る.よって,$S(\boldsymbol{u}) \cdot S(\boldsymbol{v}) = \boldsymbol{u} \cdot \boldsymbol{v}$ が成り立つ.さらに $\|S(a\boldsymbol{u} + b\boldsymbol{v}) - aS(\boldsymbol{u}) - bS(\boldsymbol{v})\|^2$ を計算することにより,これが 0 になることが確かめられるから,S は線形変換であり,直交変換であることが結論される. □

■1.2 アフィン空間の向き

空間の向きは,日常使われる言葉である「右・左」を数学的に抽象化した概念であり,物理学においても重要な概念である.

有限次元アフィン空間 E の 2 つの斜交座標系 $(p, \mathcal{E})$, $(q, \mathcal{F})$ は,もし $(p, \mathcal{E})$ から $(q, \mathcal{F})$ への変換行列 A が正の行列式 $\det A$ をもつとき,**同じ向きをもつ**といわれる.直観的には,一方の基底 $\mathcal{E}$ を他方の基底 $\mathcal{F}$ に,基底のまま連続変形できることが,$\mathcal{E}$ と $\mathcal{F}$ が同じ向きをもつための条件である.

課題 1.1 一般線形群 $GL_n(\mathbb{R})$ に対して,$G_\pm = \{A \in GL_n(\mathbb{R}) ; \det A \gtrless 0\}$(複号同順)と置くとき,$G_\pm$ は $GL_n(\mathbb{R})$ の(弧状)連結成分であることを示せ[3].

例題 1.2 2 つの斜交座標系の間の「同じ向き」という関係は,同値関

係であることを示せ．さらに，同値類はちょうど 2 つあることを示せ．

【解】 証明すべきことは，つぎの性質である．
(i)（反射律）$(p, \mathcal{E})$ はそれ自身と同じ向きをもつ．
(ii)（対称律）$(p, \mathcal{E})$ と $(q, \mathcal{F})$ が同じ向きをもつならば，$(q, \mathcal{F})$ と $(p, \mathcal{E})$ は同じ向きをもつ．
(iii)（推移律）$(p, \mathcal{E})$ と $(q, \mathcal{F})$ が同じ向きをもち，$(q, \mathcal{F})$ と $(r, \mathcal{G})$ が同じ向きをもてば，$(p, \mathcal{E})$ と $(r, \mathcal{G})$ は同じ向きをもつ．

これらは，行列の性質(i) $\det I_n = 1$，(ii) $\det A^{-1} = (\det A)^{-1}$，(iii) $\det AB = \det A \det B$ からただちに従う．同値類が 2 つからなることは，$\det A$ が正負のどちらかを取ることから明らか． □

上の例題で定義した同値類をアフィン空間の**向き**といい，向きの 1 つを選ぶことを，アフィン空間 E の**向きを定める**という．

例題 1.3 $(1, 2, \cdots, n)$ の置換 σ について，$(\boldsymbol{e}_1, \cdots, \boldsymbol{e}_n)$ と $(\boldsymbol{e}_{\sigma(1)}, \cdots, \boldsymbol{e}_{\sigma(n)})$ が同じ向きをもつためには，σ が偶置換となることが必要十分条件であることを示せ．

【解】 $(\boldsymbol{e}_1, \cdots, \boldsymbol{e}_n)$ と $(\boldsymbol{e}_{\sigma(1)}, \cdots, \boldsymbol{e}_{\sigma(n)})$ の間の変換行列 A に対して，$\det A = \mathrm{sgn}(\sigma)$ が成り立つ． □

n 次元数空間 $\mathbb{R}^n$ においては，その基本ベクトル

$$\boldsymbol{e}_i = (0, \cdots, 0, \overset{i}{1}, 0, \cdots, 0)$$

のなす基底 $(\boldsymbol{e}_1, \cdots, \boldsymbol{e}_n)$ の同値類を**標準的な向き**という．

向きをもつ 2 つのアフィン空間 A, A_1 において，A の向きが斜交座標系 $(p, \mathcal{E})$ により与えられているとする．A, A_1 のあいだの全単射であるアフィン写像 $T: A \longrightarrow A_1$ について，もし $(T(p), S(\mathcal{E}))$ の定める向きが，A_1 の向きと一致するとき，T を**向きを保つアフィン写像**という．向きを決めたユークリッド空間 E^n において，合同変換 $T: E^n \longrightarrow E^n$ が向きを保つとき，T を**剛体運動**という．剛体運動の線形部分は，直交座標系に関

― 物理空間の向き ―

われわれのまわりに広がる空間，すなわち物理的空間においては，通常，人間の手を使って2つの向きに名前をつける．すなわち，図1.1左のような右手の形を考え，親指の方向を e_1，人差し指の方向を e_2，中指の方向を e_3 とし，(e_1, e_2, e_3) の同値類を「右向き」といい，もうひとつの同値類を「左向き」という．

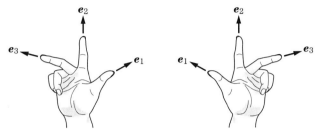

図1.1　右手系と左手系

こうして，基底の「向き」は「右・左」を抽象化したものと考えることができる．また，アフィン空間における斜交座標系の同値の定義は，「右・左」を人間の間で伝えるためのもっとも原始的方法を抽象化したものである．

物理的空間に座標系を置くことは，物理的空間を3次元数空間と同一視することを意味するが，この同一視により $\mathbb{R}^3$ の標準的向きが「右向き」となるように座標系を取るのが慣例である．この座標系を**右手系**という．また，平面の座標系は，平面で分かたれる2つの部分（半空間）のうちのいっぽうを選び（通常は平面を見ているわれわれの目のある側），その側が正となるように z 軸を取り，(x, y, z) 座標系が右手系となるように x 軸，y 軸を定める．

このように，物理的空間では，人間を媒介として向きに名前をつけるが，じつは「右向き」「左向き」それぞれの数学的定義は存在しない．換言すれば，線形空間の向きを1つ選ぶことは恣意的な行為であり，数学的には2つの向きのいずれかに特別な「地位」を付与することはできないのである（p.14の囲みを参照せよ）．

して回転行列を行列表示としてもつ.

> **演習問題 1.1** アフィン空間の固定された点 o に関する対称変換 T ($T(p)=o+(o-p)$) が向きを保つのは,次元が偶数のときのみに限ることを示せ.

空間の向きを指定して定義される概念のひとつに,3次元計量線形空間におけるベクトル積(外積)がある.L を向きの指定された3次元計量線形空間として,L のベクトル x, y に対して,**ベクトル積** $x \times y$ をつぎのように定める.
(1) x, y が線形従属のとき,$x \times y = \mathbf{0}$,
(2) x, y が線形独立のとき,z を x, y に垂直,かつ基底 (x, y, z) の向きが指定された向きと一致し,さらに z の長さが x, y の張る平行四辺形の面積($\sqrt{\|x\|^2\|y\|^2-(x\cdot y)^2}$)に等しいようなベクトルとして,$x \times y = z$ とおく.

標準的計量をもつ数空間 $\mathbb{R}^3$ においては,その標準的向きに関して

$$x \times y = (x_2 y_3 - y_2 x_3, x_3 y_1 - y_3 x_1, x_1 y_2 - y_1 x_2) \qquad (1.1)$$

($x=(x_1, x_2, x_3)$, $y=(y_1, y_2, y_3)$) となる.定義から,回転行列 S に関して,$S(x \times y) = S(x) \times S(y)$ となる.

物理空間においては「右向き」を指定して,ベクトル積を定義するのが慣例である.すなわち,前記の(2)において (x, y, z) が右手系となるように z を決める.

つぎの性質は,(1.1)を用いることにより容易に確かめられる.

$$(a\boldsymbol{x}+b\boldsymbol{y})\times\boldsymbol{z} = a(\boldsymbol{x}\times\boldsymbol{z})+b(\boldsymbol{y}\times\boldsymbol{z}) \quad (a,b\in\mathbb{R}),$$
$$(\boldsymbol{x}\times\boldsymbol{y})\cdot\boldsymbol{z} = (\boldsymbol{y}\times\boldsymbol{z})\cdot\boldsymbol{x} = (\boldsymbol{z}\times\boldsymbol{x})\cdot\boldsymbol{y} = \det(\boldsymbol{x},\boldsymbol{y},\boldsymbol{z}),$$
$$(\boldsymbol{x}\times\boldsymbol{y})\times\boldsymbol{z}+(\boldsymbol{y}\times\boldsymbol{z})\times\boldsymbol{x}+(\boldsymbol{z}\times\boldsymbol{x})\times\boldsymbol{y} = \boldsymbol{0},$$
$$\boldsymbol{x}\times\boldsymbol{y} = -\boldsymbol{y}\times\boldsymbol{x}, \quad \boldsymbol{x}\times(\boldsymbol{y}\times\boldsymbol{z}) = (\boldsymbol{x}\cdot\boldsymbol{z})\boldsymbol{y}-(\boldsymbol{x}\cdot\boldsymbol{y})\boldsymbol{z}.$$

さらに，$\boldsymbol{x}(t),\boldsymbol{y}(t)$ をベクトルに値を取る滑らかな関数とするとき，通常の関数(スカラー関数)の積に対する微分公式(ライプニッツ則)と同様に

$$\frac{\mathrm{d}}{\mathrm{d}t}(\boldsymbol{x}(t)\times\boldsymbol{y}(t)) = \dot{\boldsymbol{x}}(t)\times\boldsymbol{y}(t)+\boldsymbol{x}(t)\times\dot{\boldsymbol{y}}(t)$$

が成り立つ．ここで $\dot{\boldsymbol{x}}(t)=\dfrac{\mathrm{d}}{\mathrm{d}t}\boldsymbol{x}(t)$ である．

一般に，つぎの性質をもつ演算 $(X,Y)\in L\times L \mapsto [X,Y]\in L$ をもつ線形空間 L は**リー環**といわれる．
（ i ）$[X,Y]=-[Y,X]$,
（ ii ）$[aX+bY,Z]=a[X,Z]+b[Y,Z]$ $(a,b\in\mathbb{R})$,
（iii）（**ヤコビの恒等式**）$[[X,Y],Z]+[[Y,Z],X]+[[Z,X],Y]=0$.
3次元計量空間はベクトル積によりリー環をなすことがわかる．

演習問題 1.2 つぎの正方行列のなす線形空間 S は，**交換子積** $[A,B]=AB-BA$ によりリー環となることを示せ．
  a) $S=M_n(\mathbb{R})$, b) $S=\{A\in M_n(\mathbb{R});\ \mathrm{tr}\,A=0\}$, c) $S=\{A\in M_n(\mathbb{R});\ {}^t A=-A\}$
  (${}^t A=-A$ となる正方行列 A は**交代行列**あるいは**歪対称行列**とよばれる．また，${}^t A=A$ であるような正方行列は**対称行列**とよばれる)．

例題 1.4
(1) 3次の交代行列 A に対して $A\boldsymbol{x}=\boldsymbol{a}\times\boldsymbol{x}$ $(\boldsymbol{x}\in\mathbb{R}^3)$ となるベクトル $\boldsymbol{a}$ がただ1つ存在することを示せ．
(2) 交代行列 A_1,A_2 に対応するベクトルをそれぞれ $\boldsymbol{a}_1,\boldsymbol{a}_2$ とするとき，

―― 物理法則と空間の向き ――

　物理法則のなかには，ベクトル積を利用して述べられているものがある．たとえば，あとで述べることになる磁場に関する法則がその例である．このような法則では，一見空間の向きを指定する必要があるように思われる（逆にいえば，法則が空間の向きを決めているようにみえる）．しかし，磁場を2次の微分形式と考えることにより，空間の向きとは無関係な物理法則として記述できることがわかる*．物理学のテキストでは，2次の微分形式の代わりに，**軸性ベクトル**（**擬ベクトル**）という用語が使われることがある．ここで，軸性ベクトルとは，空間の向きを指定して定義するベクトルで，向きを変えると逆ベクトルとなるものと規定される（これに対して，通常のベクトルはたんにベクトルあるいは**極性ベクトル**ともよばれる）．2つの極性ベクトルのベクトル積は軸性ベクトルである．

　空間の向きを指定する必要のある物理法則は，1950年代前半までは知られていなかった．1956年，リーとヤンは「弱い相互作用」が満たす法則が空間の向きを指定していることを示唆し（パリティーの非保存），これを受けてウーがコバルト60のβ崩壊の実験により，核の偏極方向に対する電子の角分布を調べてこれを確かめた（1957）．角分布が，運動量の内積（スカラー量）および軸性ベクトルである偏極ベクトルSと運動量pの内積からなる項（擬スカラー量＝向きを変えると符号が変わる量）を含むことが，その理由である．こうして，物理空間の「右向き」（あるいは「左向き」）を数学的に定義することはできないが，物理法則を使って「右向き」を「定義」することが可能となる．

＊　本講座「物の理・数の理 2」を参照.

交代行列 $[A_1, A_2]$ に対応するベクトルは $a_1 \times a_2$ であることを示せ（換言すれば，ベクトル積に関するリー環は交代行列のなすリー環と同一視される）．

【解】　実際，A と $a = (a_1, a_2, a_3)$ は

$$A = \begin{pmatrix} 0 & -a_3 & a_2 \\ a_3 & 0 & -a_1 \\ -a_2 & a_1 & 0 \end{pmatrix}$$

により結ばれるから(1)を得る．(2)は直接的計算による．　　　□

例題 1.5 滑らかなベクトル値関数 $\boldsymbol{x}(t)$ について，もし $\boldsymbol{x}(t)$ がつねに原点を通る固定された平面 H 内にあるとする．$S(t)$ を図 1.2 のような図形の面積とするとき，

$$\frac{\mathrm{d}}{\mathrm{d}t}S(t) = \frac{1}{2}\|\boldsymbol{x}(t)\times\dot{\boldsymbol{x}}(t)\|$$

となることを示せ．これを軌道 $\boldsymbol{x}(t)$ が掃く**面積速度**という．

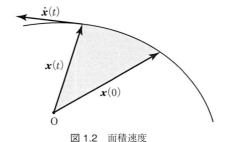

図 1.2　面積速度

【解】 $S(t+\Delta t)-S(t)$ は，原点および $\boldsymbol{x}(t), \boldsymbol{x}(t+\Delta t)$ を頂点とする三角形 K の面積で近似される．一方 K の面積は $\dfrac{1}{2}\|\boldsymbol{x}(t)\times(\boldsymbol{x}(t+\Delta t)-\boldsymbol{x}(t))\|$ に等しい．　　　□

1.3　ガリレイ時空

ニュートン力学を論じるのに，空間および時間についての数学的モデルを確定しておく必要がある．**ガリレイ時空**とは，**時空**とよばれる 4 次元アフィン空間 A^4 および**時間**とよばれる向きの与えられたユークリッド直線 E^1 へのアフィン写像 $\pi: A^4 \longrightarrow E^1$

で，つぎの性質を満たすものとする．
(i) π の線形部分 $P: L^4 \longrightarrow L^1$ は全射である（よって π も全射である）．
(ii) $L^3 = \mathrm{Ker}\, P$ は計量線形空間である．

$E_t^3 = \pi^{-1}(t)$ $(t \in E^1)$ は時刻 t における空間とよばれる．E_t^3 はすべて同じ計量線形空間 L^3 をモデルとする 3 次元ユークリッド空間である．

時間 E^1 の向きを与える単位ベクトルを $\boldsymbol{t}_0$ とする．ガリレイ時空の**慣性(座標)系**とは，A^4 の座標系 $(p_0, \mathcal{E})$, $\mathcal{E} = (\boldsymbol{e}_1, \boldsymbol{e}_2, \boldsymbol{e}_3, \boldsymbol{e})$ で，$(\boldsymbol{e}_1, \boldsymbol{e}_2, \boldsymbol{e}_3)$ が L^3 の正規直交基底であり，$P(\boldsymbol{e}) = \boldsymbol{t}_0$ となるものである．もうひとつの慣性系 $(q_0, \mathcal{F})$, $\mathcal{F} = (\boldsymbol{f}_1, \boldsymbol{f}_2, \boldsymbol{f}_3, \boldsymbol{f})$ に対して，$\boldsymbol{f} - \boldsymbol{e}$ は L^3 の元であることに注意．

例題 1.6 慣性系 $(p_0, \mathcal{E})$, $(q_0, \mathcal{F})$ に関する $p \in A^4$ の座標を，それぞれ (x_1, x_2, x_3, t), (y_1, y_2, y_3, s) とするとき，

$$\boldsymbol{y} = A(\boldsymbol{x} - t\boldsymbol{v}) + \boldsymbol{b}, \quad s = t + t_0 \tag{1.2}$$

となる $A \in O(3)$, $\boldsymbol{v} = {}^t(v_1, v_2, v_3)$, $\boldsymbol{b} = {}^t(b_1, b_2, b_3)$, t_0 が存在することを示せ．換言すれば

$$\begin{pmatrix} \boldsymbol{y} \\ s \end{pmatrix} = \begin{pmatrix} A & -A\boldsymbol{v} \\ 0 & 1 \end{pmatrix} \begin{pmatrix} \boldsymbol{x} \\ t \end{pmatrix} + \begin{pmatrix} \boldsymbol{b} \\ t_0 \end{pmatrix}.$$

これを，慣性系の間の**ガリレイ変換**という．$\boldsymbol{v}$ を，$(p_0, \mathcal{E})$ に対する $(q_0, \mathcal{F})$ の**相対速度**という．

【解】 $p - p_0 = \sum_{i=1}^{3} x_i \boldsymbol{e}_i + t\boldsymbol{e}$, $p - q_0 = \sum_{i=1}^{3} y_i \boldsymbol{f}_i + s\boldsymbol{f}$ である．

$$\boldsymbol{e}_i = \sum_{j=1}^{3} a_{ji} \boldsymbol{f}_j, \quad p_0 - q_0 = \sum_{i=1}^{3} b_i \boldsymbol{f}_i + t_0 \boldsymbol{f},$$

$$\boldsymbol{f} - \boldsymbol{e} = \sum_{i=1}^{3} v_i \boldsymbol{e}_i = \sum_{i,j=1}^{3} a_{ij} v_j \boldsymbol{f}_i$$

とするとき，

$$p-q_0 = (p-p_0)+(p_0-q_0) = \sum_{i=1}^{3} x_i \boldsymbol{e}_i + t\boldsymbol{e} + \sum_{i=1}^{3} b_i \boldsymbol{f}_i + t_0 \boldsymbol{f}$$
$$= \sum_{i=1}^{3}\bigl(\sum_{j=1}^{3} a_{ij} x_j \boldsymbol{f}_i\bigr) + t(\boldsymbol{e}-\boldsymbol{f}) + t\boldsymbol{f} + \sum_{i=1}^{3} b_i \boldsymbol{f}_i + t_0 \boldsymbol{f}$$
$$= \sum_{i=1}^{3}\bigl(\sum_{j=1}^{3} a_{ij} x_j \boldsymbol{f}_i\bigr) - t\sum_{i=1}^{3}\bigl(\sum_{j=1}^{3} a_{ij} v_j\bigr)\boldsymbol{f}_i + \sum_{i=1}^{3} b_i \boldsymbol{f}_i + (t+t_0)\boldsymbol{f}$$

であるから，これと $p-q_0 = \sum_{i=1}^{3} y_i \boldsymbol{f}_i + s\boldsymbol{f}$ を較べれば主張が得られる． □

注意 空間および時間に付与された内積(ユークリッド構造)は，それぞれ長さの単位と時間の単位を決めていることになる．したがって，単位の選択の恣意性を除くためには，それぞれの内積の正のスカラー倍全体(内積の相似類)が付与された構造を考えるべきである．

(1.2)は，2つの慣性系がたがいに等速直線運動をおこなっていることを示している．さらに，時間は本質的に(時刻のずらしを除いて)慣性系の取り方にはよらないことに注意しよう．また，時刻 t ごとに $\pi^{-1}(t)$ は「異なる」空間であるから，1つの固定された空間に「静止する」という概念は意味をもたない．

もうひとつ重要なことは，ガリレイ時空では「同時刻」という概念が意味をもつことである．すなわち，A^4 の点を「事象」と考えるとき，$\pi(p)=\pi(q)$ であるような2つの事象 $p,q \in A^4$ は同時刻に「起きた」こととする．同時刻の事象 p,q に対しては，$p-q \in L^3$ であるから，事象のあいだの距離 $\|p-q\|$ を考えることができる．しかし，同時刻ではない事象の間には距離を定義することはできない．

前記のガリレイ時空の定義は大げさに過ぎると感じるかもしれない．しかし，時空の構造を明確にすることは，物理法則を座標系の選択などの人間の恣意的行為から独立させるのに必要であるばかりでなく，あとで述べるミンコフスキー時空との関係を明らかにするためにも重要なことなのである．

―――― 絶対空間は存在するか？ ――――

　ガリレイ時空の定義の背景には，古代の天動説から近代のエーテル仮説までにいたる科学の歴史的ドラマがある．古代の宇宙観を反映し，アレキサンドリアのプトレマイオス(85?-165?)により精密化された天動説は，「地球が動いているならば，地球上に支えられていない物体は西に飛んでいくはずで，実際にはこのようなことは起きていないから，地球は静止している」という議論にもとづいていた．しかし，コペルニクス(1473-1543)により地動説が唱えられ，さらにガリレオ・ガリレイ(1564-1642)により**慣性の法則**が発見されて，宇宙の中心は太陽に移ることになった．ここで，慣性の法則というのは，すべてのものは地球上に静止しようとする固有の傾向をもつとされていたのを否定して，いったん物体が動き出せば，もし外からの抵抗がなければ無限に動きつづける性質をもっていることを主張する．それならば，地球が動いていても矛盾はない．この考えを推し進めれば，さらに太陽や銀河が動いていることも否定はできない．

　このように，「絶対静止」の概念は捨て去るべきだが，第2章で述べるニュートン力学では，運動を記述する「特別な」座標系の族があると考える．それらは「慣性系」と呼ばれ，すべての「慣性系」に対して力学法則は同じ形を取ることを主張する(**ガリレイの相対性原理**)．この原理を数学的に表現したものが，上で定義したガリレイ時空なのである．こうして，物体の運動はガリレイ時空の中でおこなわれ，運動を量的な手段で記述するのに使われるのが慣性系ということになる．しかし，われわれの宇宙空間(と時間を併せたもの)は本当にガリレイ時空なのか．また，基準とすべき慣性系はどのように取ればよいのか．この問題は，アインシュタインの特殊相対論の登場まで，長く尾を引くことになる．

2
物体——質点系

　物体とは何かについて考えよう．ある時刻における物体は空間の中の図形であり，さらに質量という「量」をもつ（じつは，質量概念は，物体間に働く重力とその性質に依存しているのだが，ここでは「無定義用語」として扱う）．この「量」は物体それ自身ばかりではなく，物体の一部を取り出しても意味をもち，さらに2つの部分が交わらなければ，その2つを合わせた部分の「量」は，それぞれの「量」の和に等しいという「加法的」性質を有する．運動は物体に含まれる点の移動であり，点それぞれは時間の推移にかかわらず同じ「もの」を表わしていると考えられる．さらに，運動のもとで物体の質量は保存される（**質量保存則**）．この観点から，物体は空間から切り離して，それ自身独立した概念として定義するのが自然であろう．この観点を数学的に一般化すると，**測度空間**の概念に達する．測度は，本来，図形の面積や体積から派生した概念であり，確率論もこの概念のもとで論じられる*．

---

　*　これについては本講座「物の理・数の理 4」で述べる．

■2.1 質点系

質点系は,測度空間 (V, m) のことである.(V, m) が質点系であることを強調するとき,V の元を**質点**といい,m を**質量測度**という.全測度 $m(V)$ が有限の場合,$m(V)$ を物体の**全質量**という.質点系のことを**物体**ということもある.とくに,V が1点 x からなる場合,$m(V)=m(x)$ を質点 x の**質量**という.

以下,ガリレイ時空 $\pi: A^4 \longrightarrow E^1$ において,時間を表わす1次元ユークリッド空間 E^1 を数直線 $\mathbb{R}$ と同一視する.そして,時刻 $t \in \mathbb{R}$ を固定し,3次元ユークリッド空間 $\pi^{-1}(t)=E_t$ を E^3 をにより表わす.質点系 (V, m) の位置あるいは**位置写像**は,可**測写像** $\varphi: V \longrightarrow E^3$ のことである.

注意 通常の力学のテキストでは,1つの質点,あるいは有限個の質点からなる系から話を始めることが多い.測度空間という「高度」に数学的な概念をここで持ち出すのは,流体や固体などのいわゆる連続体も,有限個の質点系と同じ観点から扱おうという目論みに理由がある.また,質点の概念自身が,現実の物体(連続体)の「理想化」であることに注意しよう.

測度空間について,その概観を与えよう[4].集合 X の部分集合の族 $\mathfrak{M}$ がつぎの性質を満たすとき,$\mathfrak{M}$ を X の σ-**代数**という.
(i) $X \in \mathfrak{M}$
(ii) もし,$A \in \mathfrak{M}$ ならば,A の補集合 A^c も $\mathfrak{M}$ に属する.
(iii) もし $A_n \in \mathfrak{M}$ $(i=1,2,3,\cdots)$ ならば,$\cup_{n=1}^{\infty} A_n$ も $\mathfrak{M}$ に属する.
X の σ-代数 $\mathfrak{M}$ が与えられたとき,$(X, \mathfrak{M})$ あるいはたんに X を**可測空間**という.$\mathfrak{M}$ に属する部分集合を**可測集合**という.σ-代数の定義からつぎのことが成り立つ.
(iv) $\emptyset = X^c \in \mathfrak{M}$,
(v) もし $A_n \in \mathfrak{M}$ $(i=1,2,3,\cdots)$ ならば,$\cup_{n=1}^{\infty} A_n$,$\cap_{n=1}^{\infty} A_n$ は $\mathfrak{M}$ に

属する,
(vi) $A, B \in \mathfrak{M}$ ならば, $A-B \in \mathfrak{M}$.

$(X, \mathfrak{M}_X), (Y, \mathfrak{M}_Y)$ を可測空間とし, $f: X \longrightarrow Y$ を写像とする. 任意の $A \in \mathfrak{M}_Y$ に対して, 逆像 $f^{-1}(A)$ が $\mathfrak{M}_X$ に属するとき, f は**可測写像**とよばれる.

例 有限次元アフィン空間 A における σ-代数 $\mathfrak{M}$ として, 通常は A に斜交座標系を取ることにより, 数空間 $\mathbb{R}^n$ と同一視して, $\mathbb{R}^n$ の半開区間 $[a_1, b_1) \times \cdots \times [a_n, b_n)$ の全体を含む最小の σ-代数を考える. これを**ボレル集合族**という. この σ-代数は斜交座標系の取り方にはよらない.

$(X, \mathfrak{M})$ を可測空間とする. $\mathfrak{M}$ 上で定義された関数 $m: \mathfrak{M} \longrightarrow [0, \infty) \cup \{\infty\}$ がつぎの性質を満たすとき, m を $(X, \mathfrak{M})$ 上の(**正**)**測度**という.

(**可算加法性**) $\{A_n\}_{n=1}^\infty$ をたがいに交わらない $\mathfrak{M}$ の可算族とするとき,

$$m\Bigl(\bigcup_{n=1}^\infty A_n\Bigr) = \sum_{n=1}^\infty m(A_n). \qquad (2.1)$$

測度の与えられた可測空間を**測度空間**といい, $(X, \mathfrak{M}, m)$, あるいは文脈から $\mathfrak{M}$ が明らかなときは (X, m) により表わす. 同様に, **実数値測度**や**ベクトル値測度**の概念が定義される(これらの場合には, (2.1)の絶対収束性を要請する).

例題 2.1 $\{A_n\}_{n=1}^\infty$ を可測集合の減少列とし($A_{n+1} \subset A_n$), すべての n に対して $m(A_n) = m(A_1)$ とするとき, $m\Bigl(\bigcap_{n=1}^\infty A_n\Bigr) = m(A_1)$ を示せ.

【**解**】 $A_1 = \Bigl(\bigcap_{n=1}^\infty A_n\Bigr) \cup \bigcup_{n=1}^\infty (A_n \setminus A_{n+1})$ (たがいに交わらない集合の和集合)に注意すればよい. □

関数 $f: X \longrightarrow \mathbb{R}$ が可測写像であるための条件は, すべての区間 $I = [a, b)$ に対して, $f^{-1}(I)$ が可測なことである. このような f を**可測関数**という.

測度空間 $(X, \mathfrak{M}, m)$ が与えられたとき，つぎのようにして**積分**を定義する．

（i） $s = \sum_{i=1}^{n} a_i \chi_{A_i}$ $(a_i > 0, \ A_i \in \mathfrak{M}, \ A_i \cap A_j = \emptyset \ (i \neq j))$
の形の関数(**単関数**)に対しては

$$\int_X s \ dm = \sum_{i=1}^{n} a_i m(A_i)$$

と置く．ここで，χ_A は A の**定義関数**であり，つぎのように定義される．

$$\chi_A(x) = \begin{cases} 1 & (x \in A) \\ 0 & (x \notin A). \end{cases}$$

（ii）非負値関数 $f : X \longrightarrow [0, \infty]$ に対して

$$\int_X f \ dm = \sup \int_X s \ dm$$

とする．ここで，上限は $0 \leq s \leq f$ を満たすすべての単関数 s について取る．

（iii）任意の可測関数 f に対しては，$f_+(x) = \max\{f(x), 0\}$, $f_-(x) = -\min\{f(x), 0\}$ として，

$$\int_X f \ dm = \int_X f_+ \ dm - \int_X f_- \ dm$$

と置く．ただし，右辺の少なくとも 1 つの項は有限の値とする．2 つの項がともに有限であるような f を**可積分関数**という．有限次元の線形空間 L に値を取るベクトル値関数 $f : X \longrightarrow L$ に対して，L の基底により $f(x) = (f_1(x), \cdots, f_n(x))$ と表わしたとき，すべての f_i が可積分関数であるとき，f を可積分という(基底の取り方にはよらない)．さらに，L が計量線形空間であるとき，

$$L^p(X) = \left\{ f ; \ \|f\|_p := \left(\int_X \|f(x)\|^p \ dm(x) \right)^{1/p} < \infty \right\}$$

と置く*．$p \geq 1$ であるとき，$L^p(X)$ は，ノルム $\|f\|_p$ をもつバナッハ

---

* $A := B$ は左辺の A を右辺の B で定義することを意味する．

空間である．とくに $p=2$ の場合，$L^2(X)$ は内積

$$\langle f,g \rangle = \int_X f(x) \cdot g(x) \, dm(x)$$

によるヒルベルト空間である．

ここで，バナッハ空間とヒルベルト空間の定義をしておこう．$\mathbb{F}$ を $\mathbb{R}$ または $\mathbb{C}$ とし，$\mathbb{F}$ 上で定義された線形空間 L が，**ノルム**とよばれる関数 $\|\cdot\|$ をもち，つぎの性質が成り立つとき，バナッハ**空間**といわれる．

(i) $\|\boldsymbol{u}\| \geq 0$ がすべての $\boldsymbol{u} \in L$ について成り立ち，$\|\boldsymbol{u}\|=0 \iff \boldsymbol{u}=\boldsymbol{0}$ である．

(ii) $\|\boldsymbol{u}+\boldsymbol{v}\| \leq \|\boldsymbol{u}\|+\|\boldsymbol{v}\|$ $(\boldsymbol{u},\boldsymbol{v} \in L)$

(iii) $\|a\boldsymbol{u}\|=|a|\|\boldsymbol{u}\|$ $(a \in \boldsymbol{F},\ \boldsymbol{u} \in L)$

(iv) $d(\boldsymbol{u},\boldsymbol{v})=\|\boldsymbol{u}-\boldsymbol{v}\|$ とおいて定めた L 上の距離は完備である．

L を内積 $\langle \cdot,\cdot \rangle$ をもつ計量線形空間とし，内積から定まるノルム $\|\boldsymbol{u}\|=\langle \boldsymbol{u},\boldsymbol{u}\rangle^{1/2}$ によりバナッハ空間となるとき，L は**ヒルベルト空間**とよばれる．

数空間 $X=\mathbb{R}^n$ においては，ボレル集合族 $\mathfrak{M}_{\mathbb{R}^n}$ に対して

$$m((a_1,b_1] \times \cdots \times (a_n,b_n]) = \prod_{i=1}^{n}(b_i-a_i)$$

により特徴づけられる測度を入れることができる．この測度については，$\int_{\mathbb{R}^n} f dm$ の代わりに，$\int_{\mathbb{R}^n} f(\boldsymbol{x})d\boldsymbol{x}$ と表わし，これを $\mathbb{R}^n$ **上のルベーグ積分**という．これは，多重積分(リーマン積分)の概念を，より広いクラスの被積分関数に拡張したものである．n 次元ユークリッド空間 E^n に直交座標系を入れ，$\mathbb{R}^n$ と同一視するとき，E^n においてルベーグ積分が定義されるが，これは直交座標系の取り方にはよらない．

測度空間 (X,m) と可測空間 $(Y,\mathfrak{M}_Y)$ に対して，可測写像 $\varphi:X \longrightarrow Y$ が与えられたとき，Y 上の測度 μ を $\mu(A)=m(\varphi^{-1}(A))$ $(A \in \mathfrak{M}_Y)$ により定めることができる．このとき，Y 上の可積分関数 f に対して次式が成り立つ．

$$\int_Y f \, d\mu = \int_X f \circ \varphi \, dm.$$

■2.2 慣性中心，慣性モーメント

物体の形は一般に複雑でも，その運動を扱うのに，いくつかの基本的「量」のみを知っていればよいことがある(たとえば，剛体の自由運動*)．その代表的例である慣性中心と慣性モーメントについて述べよう．

ユークリッド空間 E^3 の直交座標系を固定し．質点系 (V, m) の位置 φ を座標により表わす．$\varphi(x)$ の座標を $\boldsymbol{x}(x)=(x_1(x), x_2(x), x_3(x))$ としよう．有限な全質量をもつ質点系 (V, m) に対して，

$$\boldsymbol{x}_0 = \frac{1}{m(V)} \int_V \boldsymbol{x}(x) \, \mathrm{d}m(x)$$

を**慣性中心**(**重心**)という．慣性中心は，慣性系の取り方にはよらない(下の例題参照)．有限の質点系 $V=\{x_1, \cdots, x_N\}$ について，$m_i = m(x_i)$，位置を $\boldsymbol{x}_i = \boldsymbol{x}(x_i)$ とするとき，その慣性中心は

$$\boldsymbol{x}_0 = \frac{m_1 \boldsymbol{x}_1 + \cdots + m_N \boldsymbol{x}_N}{m_1 + \cdots + m_N}$$

により与えられる．

例題 2.2 慣性中心は慣性系の取り方によらないことを示せ．

【解】 相対速度 $\boldsymbol{v}$ をもつ別の慣性系 $(\boldsymbol{y}, t)$ について $\boldsymbol{y}(x) = A(\boldsymbol{x}(x) - t\boldsymbol{v}) + \boldsymbol{b}$ とするとき

$$\begin{aligned}
\boldsymbol{y}_0 &= \frac{1}{m(V)} \int_V \boldsymbol{y}(x) \, \mathrm{d}m(x) = \frac{1}{m(V)} \int_V [A(\boldsymbol{x}(x) - t\boldsymbol{v}) + \boldsymbol{b}] \, \mathrm{d}m(x) \\
&= \frac{1}{m(V)} \int_V A\boldsymbol{x}(x) \, \mathrm{d}m(x) - \frac{1}{m(V)} (tA\boldsymbol{v} - \boldsymbol{b}) \int_V \mathrm{d}m(x) \\
&= A(\boldsymbol{x}_0 - t\boldsymbol{v}) + \boldsymbol{b}
\end{aligned}$$

---

* 本講座「物の理・数の理 2」を参照．

これは，慣性中心が慣性系の取り方によらないことを意味する． □

$\mathbb{R}^3$ 上のすべての可測関数 f に対して

$$\int_{\mathbb{R}^3} f(\boldsymbol{y})\,\mathrm{d}\mu(\boldsymbol{y}) = \int_V f(\boldsymbol{x}(x))\,\mathrm{d}m(x)$$

が成り立つような $\mathbb{R}^3$ 上の測度 μ が定まる．μ を質点系の**質量分布**という．とくに，質量 m の質点 x が位置 $\boldsymbol{a}$ にあるときは，

$$\int_{\mathbb{R}^3} f(\boldsymbol{y})\,\mathrm{d}\mu(\boldsymbol{y}) = f(\boldsymbol{a})m$$

である．$m=1$ のとき，このような測度 μ を，$\boldsymbol{a}$ に台を持つ**ディラック測度**といい，$\delta_{\boldsymbol{a}}$ により表わす．質量分布を使えば，慣性中心は

$$\boldsymbol{x}_0 = \frac{1}{m(V)} \int_{\mathbb{R}^3} \boldsymbol{y}\,\mathrm{d}\mu(\boldsymbol{y})$$

と表わされる．もし，$\mathrm{d}\mu(\boldsymbol{y})=\rho(\boldsymbol{y})\mathrm{d}\boldsymbol{y}$ となるような可測関数 ρ が存在するとき，ρ を**質量密度関数**という．さらに，ρ がある領域の外で 0 であり，領域の中では連続であるとき，E^3 内に位置する物体 (V, m, φ) を**連続体**という*．

例 物体の質量分布 μ の密度関数 ρ が，E のある領域 D および正定数 a により

$$\rho(\boldsymbol{y}) = \begin{cases} a & (\boldsymbol{y} \in D) \\ 0 & (\boldsymbol{y} \notin D) \end{cases}$$

と表わされるとき，**均質な密度をもつ物体**(あるいは**均質な物体**)とよばれる．D の体積を $\mathrm{vol}(D)$ とするとき，$a = m(V)/\mathrm{vol}(D)$ である．

---

* 本講座「物の理・数の理 2」で，可測関数ではないような密度関数も考察する．

剛体(時間の推移のもとで形が変わらない物体)に関する力学的問題を扱うとき，その主慣性モーメントとよばれる3つの数のみが必要で，剛体の形についてその詳細を知る必要がないことがある*．質点系 (V, m) の位置 $\boldsymbol{x}: V \longrightarrow \mathbb{R}^3$ の(原点に関する)**慣性モーメント作用素** $\mathcal{I}: \mathbb{R}^3 \longrightarrow \mathbb{R}^3$ は

$$\mathcal{I}(\boldsymbol{u}) = \int_V \boldsymbol{x}(x) \times (\boldsymbol{u} \times \boldsymbol{x}(x))\, \mathrm{d}m(x)$$

により定義される．$(\boldsymbol{x} \times \boldsymbol{y}) \cdot \boldsymbol{z} = (\boldsymbol{y} \times \boldsymbol{z}) \cdot \boldsymbol{x} = (\boldsymbol{z} \times \boldsymbol{x}) \cdot \boldsymbol{y}$ を使えば，

$$\begin{aligned}\mathcal{I}\boldsymbol{u} \cdot \boldsymbol{v} &= \int_V \bigl(\boldsymbol{x}(x) \times (\boldsymbol{u} \times \boldsymbol{x}(x))\bigr) \cdot \boldsymbol{v}\, \mathrm{d}m(x) \\ &= \int_V \boldsymbol{u} \cdot \bigl(\boldsymbol{x}(x) \times (\boldsymbol{v} \times \boldsymbol{x}(x))\bigr)\, \mathrm{d}m(x) = \boldsymbol{u} \cdot \mathcal{I}\boldsymbol{v}\end{aligned}$$

となるから，$\mathcal{I}$ は対称である．よって，$\mathcal{I}$ は $\mathbb{R}^3$ のある正規直交基底 $\boldsymbol{e}_1, \boldsymbol{e}_2, \boldsymbol{e}_3$ により対角化される：$\mathcal{I}\boldsymbol{e}_1 = I_1 \boldsymbol{e}_1$, $\mathcal{I}\boldsymbol{e}_2 = I_2 \boldsymbol{e}_2$, $\mathcal{I}\boldsymbol{e}_3 = I_3 \boldsymbol{e}_3$．$\mathcal{I}$ の固有値 I_1, I_2, I_3 を質点系の(原点に関する)**主慣性モーメント**という．

演習問題 2.1 質量密度関数 ρ をもつ質点系に対して次式を示せ．

$$\mathcal{I}(\boldsymbol{u}) = \left(\int_{\mathbb{R}^3} \|\boldsymbol{x}\|^2 \rho(\boldsymbol{x})\, \mathrm{d}\boldsymbol{x}\right) \boldsymbol{u} - \int_{\mathbb{R}^3} \rho(\boldsymbol{x})(\boldsymbol{x} \cdot \boldsymbol{u}) \boldsymbol{x}\, \mathrm{d}\boldsymbol{x}.$$

例題 2.3 全質量 m の均質な密度をもつ楕円体 $D = \Bigl\{(x_1, x_2, x_3);\ \dfrac{x_1^2}{a_1^2} + \dfrac{x_2^2}{a_2^2} + \dfrac{x_3^2}{a_3^2} \leq 1\Bigr\}$ の原点に関する主慣性モーメントは，$I_1 = \dfrac{m}{5}(a_2^2 + a_3^2)$, $I_2 = \dfrac{m}{5}(a_1^2 + a_3^2)$, $\dfrac{m}{5}(a_1^2 + a_2^2)$ により与えられることを示せ．

【解】 まず，D の体積は $4\pi a_1 a_2 a_3 / 3$ であることに注意．よって，$a = m(V)/\mathrm{vol}(D) = 3m/4\pi a_1 a_2 a_3$ であり

---

* くわしくは，本講座「物の理・数の理 2」参照．

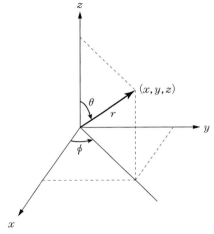

図 2.1　極座標

$$a^{-1}\mathcal{I}\boldsymbol{u}\cdot\boldsymbol{u}=\int_D\|\boldsymbol{x}\times\boldsymbol{u}\|^2\mathrm{d}\boldsymbol{x}=\|\boldsymbol{u}\|^2\int_D\|\boldsymbol{x}\|^2\mathrm{d}\boldsymbol{x}-\int_D(\boldsymbol{x}\cdot\boldsymbol{u})^2\mathrm{d}\boldsymbol{x}.$$

変数変換 $x_i=a_iy_i$ をおこなえば,これは

$$a_1a_2a_3\Big\{\|\boldsymbol{u}\|^2\int_{D_1}(a_1y_1{}^2+a_2y_2{}^2+a_3y_3{}^2)\,\mathrm{d}y_1\mathrm{d}y_2\mathrm{d}y_3$$
$$-\int_{D_1}(a_1{}^2u_1{}^2y_1{}^2+a_2{}^2u_2{}^2y_2{}^2+a_3{}^2u_3{}^2y_3{}^2$$
$$+2a_1a_2u_1u_2y_1y_2+2a_2a_3u_2u_3y_2y_3+2a_1a_3u_1u_3y_1y_3)\,\mathrm{d}y_1\mathrm{d}y_2\mathrm{d}y_3\Big\}$$

に等しい.ここで,$D_1=\{\boldsymbol{y};\ \|\boldsymbol{y}\|\leq1\}$ である.他方,$\int_{D_1}y_iy_j\mathrm{d}y_1\mathrm{d}y_2\mathrm{d}y_3=0$ $(i\neq j)$ であるから,積分 $K_i=\int_{D_1}y_i{}^2\mathrm{d}y_1\mathrm{d}y_2\mathrm{d}y_3$ の計算に帰着される.しかし,$K_1=K_2=K_3$,$K_1+K_2+K_3=\int_{D_1}\|\boldsymbol{y}\|^2\mathrm{d}\boldsymbol{y}$ に注意すれば,結局,$K=\int_{D_1}\|\boldsymbol{y}\|^2\mathrm{d}\boldsymbol{y}$ を計算すればよい.そこで,空間の**極座標** (r,θ,ϕ) ($0<r<\infty$,$0\leq\theta<\pi$,$0\leq\phi<2\pi$) を $y_1=r\sin\theta\cos\phi$,$y_2=r\sin\theta\sin\phi$,$y_3=r\cos\theta$ により定義する(図 2.1).

$\mathrm{d}\boldsymbol{x}=r^2\sin\theta\mathrm{d}r\mathrm{d}\theta\mathrm{d}\phi$ に注意すれば,

$$K = \int_0^1 r^2 \, dr \int_0^\pi \sin\theta \, d\theta \int_0^{2\pi} d\phi \, r^2 = 4/5\pi$$

である.こうして,

$$\mathcal{I}\bm{u}\cdot\bm{u} = \frac{m}{5}\left((a_2{}^2+a_3{}^2)u_1{}^2+(a_1{}^2+a_3{}^2)u_2{}^2+(a_1{}^2+a_2{}^2)u_3{}^2\right)$$

となり,主張を得る. □

例題 2.4

(1) $\mathcal{I}\bm{u}\cdot\bm{u}=\int_V \|\bm{x}(x)\times\bm{u}\|^2 dm(x)$ を示し,$\mathcal{I}$ が正定値であるための条件は,原点を通る任意の直線 ℓ に対して,$m(\{x\in V;\ \bm{x}(x)\not\in\ell\})>0$ となることを示せ(おおまかに言えば,$\varphi(V)$ が原点を通る直線には含まれないことである).

(2) $S\in SO(3)$ とするとき,$S\circ\varphi$ の原点に対する慣性モーメント写像 $\mathcal{I}'$ について $\mathcal{I}'\circ S=S\circ\mathcal{I}$ が成り立つこと確かめよ.とくに,主慣性モーメントは回転について不変である.

【解】

(1) 最初の主張は,ベクトル積の性質による.もし,$\bm{u}\neq\bm{0}$ に対して,$\langle\mathcal{I}\bm{u},\bm{u}\rangle=0$ であれば,測度 m に関してほとんどの $x\in V$ について $\bm{x}(x)\times\bm{u}=0$,すなわち,$\bm{x}(x)$ は直線 $\mathbb{R}\bm{u}$ に含まれる.

(2) ベクトル積が回転 S により不変なこと,すなわち $S(\bm{x}\times\bm{y})=S(\bm{x})\times S(\bm{y})$ に注意すればよい. □

2.2 慣性中心，慣性モーメント

――― **質量とバナッハ–タルスキーのパラドックス** ―――

　物体を測度空間の言葉で言い表わすことに少々抵抗があるかもしれない．この抵抗感は，物体の部分(集合)すべてに質量が定義されているわけではなく，σ-代数という部分集合族に属する部分集合にだけ質量が割り当てられていることから発するのではないだろうか．もちろん，すべての部分集合が質量をもてば，それに越したことはないのだが，一般にはこのようなことは期待できないのである．その理由を述べよう．

　たとえば均質な密度をもつ球体 K を考える．K の部分集合 A が質量 $m(A)$ をもてば，$m(A)/m(K)=\mathrm{vol}(A)/\mathrm{vol}(K)$ である．このことから，上の問いは「球体のすべて部分集合が体積をもつか？」という問いと同じことになる．ところが，「K のある部分集合は体積をもたない」ことが証明できるのである．しかも，体積(質量)の可算加法性を緩めて，有限加法性の条件に置換えても「体積をもたない部分集合」の存在が証明される．ここで m が有限加法性を満たすとは，たがいに交わらない部分集合 A, B に対して $m(A\cup B)=m(A)+m(B)$ が成り立つことをいう．

　実際，つぎのような奇妙な事実が知られている．2 つの球体 K, L に対して，K の有限個の部分集合 $A_1,\cdots,A_n$ への分割と，L の同じ個数の部分集合 $B_1,\cdots,B_n$ への分割を「うまく作る」ことにより，すべての $k=1,\cdots,n$ について A_k と B_k が合同であるようにできる．すなわち，K を適当に有限個に分割し，それらを同じ形のまま適当な方法で寄せ集めることによって，L を作ることができる．ここで K は素粒子の大きさ，L は太陽の大きさでもよいのである(バナッハ–タルスキーのパラドックス[5])．もし，いまの分割に現われたすべての部分集合が体積をもてば，有限加法性から K と L の体積は等しくなってしまうから矛盾．よって，ある部分集合は体積をもたないことが結論されることになる．

　バナッハ–タルスキーのパラドックスが「真理」であることを認めるのを，躊躇する人もいるだろう．しかし，これは集合についての自然な前提(選択公理)から導かれる「真理」なのである．むしろ，球体の部分集合が，われわれの想像を超えた複雑さをもちうることを，このパラドックスは表わしているといえよう．

3
運 動

　物体の運動はガリレイ時空の中でおこなわれ，その位置や速度・加速度を慣性系を用いて観測する．もし，運動がガリレイ時空に根ざす法則(**普遍法則**)をもつとすれば，それは慣性系の取り方には依存しないはずである．このことから，普遍な運動法則の慣性系に関する「共変性」が導かれる．速度は慣性系の取り方に強く依存するが，加速度は共変性を有する．よって，加速度の概念が運動法則に登場するのは自然なこととなる．

　本節では，前章の物体概念を基礎として，物体の運動方程式を定式化し，運動量，角運動量，運動エネルギーに関する基本的性質を述べる．

■3.1　運動方程式

　$\pi : A^4 \longrightarrow E^1$ をガリレイ時空とする．前のように，E^1 に時刻の原点を定めることにより，E^1 を数直線 $\mathbb{R}$ と同一視する．時刻 a から時刻 b $(b>a)$ までの質点系 (V, m) の**運動**とは，可測写像 $\varphi : [a,b] \times V \longrightarrow E^4$ で，$\pi(\varphi(t,x))=t$，すなわち，$\varphi(t,x) \in E_t^3 = \pi^{-1}(t)$ を満たすものとして定義される．

各質点 x に対して

$$\dot{\varphi}(t,x) = \lim_{h\to 0} \frac{1}{h}\bigl(\varphi(t+h,x)-\varphi(t,x)\bigr)$$

が存在するとき,これは A^4 のモデル L^4 のベクトルであり,**4元速度ベクトル**といわれる.$\pi\bigl(\varphi(t,x)\bigr)=t$ により,$P\bigl(\dot{\varphi}(t,x)\bigr)=1$ である.また,

$$\ddot{\varphi}(t,x) = \lim_{h\to 0} \frac{1}{h}\bigl(\dot{\varphi}(t+h,x)-\dot{\varphi}(t,x)\bigr)$$

が存在するとき,$P(\ddot{\varphi}(t,x))=0$ であるから,これは L^3 のベクトルであり,**加速度ベクトル**といわれる.$\ddot{\varphi}\equiv \boldsymbol{0}$ であるような運動を**等速直線運動**という.

ガリレイ時空の慣性系 $(p_0,\mathcal{E})$ として,$\pi(p_0)=0$ となるものを考えよう.運動 φ を慣性座標 $(\boldsymbol{x}(t,x),t)=(x_1(t,x),x_2(t,x),x_3(t,x),t)$ で表わすと,4元速度ベクトルの座標は $\bigl(\dot{\boldsymbol{x}}(t,x),1\bigr)$ であり,加速度ベクトルの座標は $\bigl(\ddot{\boldsymbol{x}}(t,x),0\bigr)$ により与えられる.別の慣性系 $(q_0,\mathcal{F})$ については

$$\bigl(\boldsymbol{y}(s,x),s\bigr) = \bigl(A(\boldsymbol{x}(t)-t\boldsymbol{v}),t\bigr)\,,$$
$$\dot{\boldsymbol{y}}(s,x) = A\bigl(\dot{\boldsymbol{x}}(t,x)-\boldsymbol{v}\bigr), \quad \ddot{\boldsymbol{y}}(s,x) = A\bigl(\ddot{\boldsymbol{x}}(t,x)\bigr) \quad (s=t)$$

と表わされる(例題 1.6,$\boldsymbol{v}$ は相対速度).このことから,加速度ベクトル $\ddot{\boldsymbol{x}}$ は慣性系の取り方に本質的によらずに定まるベクトルであるが,速度ベクトル $\dot{\boldsymbol{x}}$ は慣性系の取り方に依存することがわかる.$\dot{\boldsymbol{x}}(t,x)$ を,慣性系 $(p_0,\mathcal{E})$ に関する質点 x の時刻 t における**速度**といい,$\|\dot{\boldsymbol{x}}(t,x)\|$ を**速さ**という(ここで,$\|\cdot\|$ は $\mathbb{R}^3$ における標準的ノルムである).

慣性系においては等速直線運動は,ベクトル $\boldsymbol{u},\boldsymbol{a}$ により $\boldsymbol{x}(t)=t\boldsymbol{u}+\boldsymbol{a}$ と表わされる.$\boldsymbol{u}$ が速度ベクトルであり,速さは $\|\boldsymbol{u}\|$ で

ある．相対速度 v をもつ別の慣性系では，$A(u-v)$ が速度ベクトルになり，速さは $\|u-v\|$ に等しい．

例題 3.1 特殊相対論が確立される前は，光の速さ c は**エーテル**とよばれる媒質の中を伝わる波と考えられ，よってその伝播速度はエーテルに固定した慣性系に関する速度と考えられていた．地球がエーテルに対して相対的速さ v で等速直線運動していると仮定し，距離 ℓ の地球の2点間で反射板を用いて光を往復させる．

(1) この往復運動が地球の相対運動に対して平行におこなわれるとき，往復運動に掛かる時間 T_1 は

$$T_1 = \frac{2c\ell}{c^2-v^2}$$

により与えられることを示せ．

(2) この往復運動が地球の相対運動に対して垂直におこなわれるときは，往復運動に掛かる時間 T_2 は

$$T_2 = \frac{2\ell}{\sqrt{c^2-v^2}}$$

により与えられることを示せ．

【解】 地球に固定された慣性系に関して，(1)の場合，光の速さは往路と復路で $c-v, c+v$ である．(2)の場合，地球に固定された慣性系に関する光の速さを c' とするとき，$(c')^2+v^2=c^2$ が成り立つから，$c'=\sqrt{c^2-v^2}$ である．
□

例 $x_1(t)=r\cos\omega t,\ x_2(t)=r\sin\omega t,\ x_3(t)=0$ により与えられる運動を，原点の回りの**角速度** ω の**等速円運動**という．

$$\dot{x}(t) = (-r\omega\sin\omega t, r\omega\cos\omega t, 0),$$
$$\ddot{x}(t) = (-r\omega^2\cos\omega t, -r\omega^2\sin\omega t, 0)$$

であるから，等速円運動の速さを v，加速度の大きさを a とするとき，$v=r\omega$, $a=r\omega^2=v^2/r$ である．さらに，加速度はつねに原点に向かうベクトルになっている．

―― エーテルの呪縛 ――

ここで述べるのは早すぎるのであるが,例題 3.1 に関連して有名なマイケルソン-モーリーの実験について述べておこう.かれらは,$T_2/T_1 = \sqrt{1-v^2/c^2}$(精確には $T_1 - T_2 \doteqdot \ell v^2/c^2$)が適切な観測装置により検出可能であることを利用して,地球のエーテルに対する運動速度 v を求めようとした(1887 年).ところが結果は,$T_2/T_1 = 1$ すなわち $v=0$ となって,地球はエーテルに対して静止しているということになってしまった.この結果を認めれば,昔の「天動説」への逆戻りである.この不条理を解決する「安直」な方法は,例題 3.1(1) の場合には元の距離 ℓ の代わりに,新しい距離

$$\ell_1 = \ell\sqrt{1-\frac{v^2}{c^2}}$$

に取りかえることである.こうすれば,$T_1 = T_2$ となることから,ローレンツとフィッツジェラルドは,エーテルに対して速度 v で運動する剛体はすべてその運動の方向に縮むとした.この「奇妙」な仮説は,エーテルという仮想的ではあるが光の現象を説明するのに便利な代物に物理学者がいかにこだわっていたかということを表わしている.エーテルの呪縛から解き放たれるには,アインシュタインの革命的アイディアを必要としたのである*.

---

* くわしくは,本講座「物の理・数の理 3」を参照.

演習問題 3.1 質点の運動が $\boldsymbol{x}(t)$ により与えられ,それが速さ v の等速運動であるとき($\|\dot{\boldsymbol{x}}(t)\|=v$),加速度 $\ddot{\boldsymbol{x}}(t)$ は速度 $\dot{\boldsymbol{x}}(t)$ に垂直であることを示せ.

以下,$\dot{\boldsymbol{x}}(t,x)$,$\ddot{\boldsymbol{x}}(t,x)$ が存在し,それらは可測関数と仮定する.物体は,物体それ自身と他の物体,あるいは電気,磁気などからの影響がない(あるいは無視できる)場合には,等速直線運動をおこなうことが,経験則として知られている.もし,等

速直線運動でないときには，物体の運動は，なんらかの影響を他から受けていると考えられる．このような影響は，速度の変化(加速度)を引き起こす**力**という概念により説明される．

ニュートンの運動法則は，力とよばれる $[a,b] \times V$ 上の L^3 に値を取るベクトル値測度 $\boldsymbol{F}$ により

$$\ddot{\varphi}(t,x)\mathrm{d}m(x) = \mathrm{d}\boldsymbol{F}(t,x) \qquad (3.1)$$

と表わされることを主張する．(3.1)をニュートンの**運動方程式**という．ここで，$\boldsymbol{F}$ は L^3 に値を取る可測関数 $\boldsymbol{G}$ により，$\mathrm{d}\boldsymbol{F}=\boldsymbol{G}\mathrm{d}m$ と表わされると仮定する．したがって，運動方程式はつぎのように表わされる．

$$\ddot{\varphi}(t,x) = \boldsymbol{G}(t,x) \qquad (3.2)$$

慣性系を固定して考えよう．物体の運動の多くは，初期の位置 $\boldsymbol{x}(0)$ と初期速度ベクトル $\dot{\boldsymbol{x}}(0)$ により完全に決定されることが多い．このことから，力のベクトル $\boldsymbol{G}(t,x)$ は，時刻 t における物体の位置 $\boldsymbol{x}(t)$ と速度ベクトル $\dot{\boldsymbol{x}}(t)$ により決まると考えてよい．したがって，$\boldsymbol{G}(t,x)=\boldsymbol{G}(t,\boldsymbol{x}(t),\dot{\boldsymbol{x}}(t))$ と記すことができる．よって(3.2)は

$$\ddot{\boldsymbol{x}}(t) = \boldsymbol{G}(t,\boldsymbol{x}(t),\dot{\boldsymbol{x}}(t)) \qquad (3.3)$$

と表わされる．とくに，有限個の質点 $x_1,\cdots,x_N$ からなる物体については，運動方程式は通常の微分方程式

$$\frac{\mathrm{d}^2 \boldsymbol{x}_i}{\mathrm{d}t^2} = \boldsymbol{G}_i\Big(t,\boldsymbol{x}_1(t),\cdots,\boldsymbol{x}_N(t),\frac{d\boldsymbol{x}_1}{dt}(t),\cdots,\frac{d\boldsymbol{x}_N}{dt}(t)\Big)$$
$$(i=1,\cdots,N)$$

に帰着する．ただし，$\boldsymbol{x}_i(t)=\boldsymbol{x}(t,x_i)$，$\boldsymbol{x}(t)=(\boldsymbol{x}_1(t),\cdots,\boldsymbol{x}_N(t))$

とする.

　慣性系により運動を記述するときの基本的な概念として，運動量，角運動量および運動エネルギーがある（以後，積分の中に現われる関数は可積分と仮定する）．

運動量 $\qquad \boldsymbol{p}(t) = \int_V \dot{\boldsymbol{x}}(t,x)\,\mathrm{d}m(x),$

原点のまわりの角運動量 $\quad \boldsymbol{m}(t) = \int_V \boldsymbol{x}(t,x) \times \dot{\boldsymbol{x}}(t,x)\,\mathrm{d}m(x),$

運動エネルギー $\qquad E(t) = \dfrac{1}{2}\int_V \|\dot{\boldsymbol{x}}(t,x)\|^2 \mathrm{d}m(x).$

$(V, m, \boldsymbol{x}(t, \cdot))$ の慣性中心の座標を $\boldsymbol{x}_0(t)$ とするとき，$m(V)\boldsymbol{p}(t) = \dot{\boldsymbol{x}}_0(t)$ が成り立つ．さらに，

$$\boldsymbol{G}(t) = \int_V \boldsymbol{x}(t,x) \times \mathrm{d}\boldsymbol{F}(t,x)$$

と置くとき，$\dot{\boldsymbol{m}} = \boldsymbol{G}$ が成り立つ．$\boldsymbol{G}$ を（原点に関する）**力のモーメント**という．力のモーメントが 0 のとき，$\boldsymbol{m}(t)$ は一定である（**角運動量保存則**）．

　慣性系によらない量として，**4元運動量** $\boldsymbol{P}(t)$ を

$$\boldsymbol{P}(t) = \int_V \dot{\varphi}(t,x)\,\mathrm{d}m(x)$$

により定義することができる．慣性系による $\boldsymbol{P}(t)$ の表示は $(\boldsymbol{p}(t), m(V))$ である（4元運動量の概念は特殊相対論においても考えることができて，しかも重要な役割を果たす*）．

　例題 3.2（運動量保存則） $\int_V \mathrm{d}\boldsymbol{F}(t,x) = \boldsymbol{0}$ であるとき，$\boldsymbol{P}(t)$ は定ベクトルであることを示せ（よって，$\boldsymbol{p}(t)$ も定ベクトルである）．

＊　本講座「物の理・数の理 3」参照．

【解】 $\dfrac{\mathrm{d}}{\mathrm{d}t}\boldsymbol{P}(t)=\int_V \ddot{\varphi}(t,x)\,\mathrm{d}m(x)=\int_V \mathrm{d}\boldsymbol{F}(t,x)=\boldsymbol{0}.$ □

位置 $\boldsymbol{x}:V\longrightarrow\mathbb{R}^3$ に関する汎関数 $U=U(\boldsymbol{x}(\cdot))$ が与えられたとき，その汎関数微分 $\dfrac{\delta U}{\delta\boldsymbol{x}(\cdot)}$ を，

$$\left\langle\dfrac{\delta U}{\delta\boldsymbol{x}(\cdot)},\boldsymbol{y}(\cdot)\right\rangle=\lim_{\epsilon\to 0}\dfrac{1}{\epsilon}\{U(\boldsymbol{x}(\cdot)+\epsilon\boldsymbol{y}(\cdot))-U(\boldsymbol{x}(\cdot))\}$$

として定義する．$\boldsymbol{y}:V\longrightarrow\mathbb{R}^3$ は可測関数である．ここでは，$\mathbb{R}^3$ に値を取る V 上のベクトル値測度 $\boldsymbol{\nu}$ により，

$$\left\langle\dfrac{\delta U}{\delta\boldsymbol{x}(\cdot)},\boldsymbol{y}\right\rangle=\int_V \boldsymbol{y}(x)\cdot\mathrm{d}\boldsymbol{\nu}(x)$$

と表わされる場合を考え，$\mathrm{d}\boldsymbol{\nu}=\dfrac{\delta U}{\delta\boldsymbol{x}(\cdot)}$ と置く．力 $\boldsymbol{F}$ に対して，$\mathrm{d}\boldsymbol{F}=-\dfrac{\delta U}{\delta\boldsymbol{x}(\cdot)}$ となる汎関数 U が存在するとき，$\boldsymbol{F}$ はポテンシャル(エネルギー)あるいは位置エネルギー U をもつという．このような力は，質点系の内部相互作用から生じることが多い．

例題 3.3（エネルギー保存則） $E+U$ は，運動方程式の解に沿って一定であることを示せ（$E+U$ を**力学的エネルギー**という）．

【解】 $\dfrac{\mathrm{d}}{\mathrm{d}t}(E+U)=\int_V\langle\ddot{\boldsymbol{x}},\dot{\boldsymbol{x}}\rangle\,\mathrm{d}m+\int_V\left\langle\dfrac{\delta U}{\delta\boldsymbol{x}(\cdot)},\dot{\boldsymbol{x}}\right\rangle=0.$ □

とくに N 個の質点からなる質点系の場合，ポテンシャル・エネルギーは $\mathbb{R}^{3N}$ 上の関数 $U(\boldsymbol{x}_1,\cdots,\boldsymbol{x}_N)$ により与えられる．このとき，ニュートンの運動方程式とエネルギー保存則はつぎのようになる．

$$m_i\dfrac{\mathrm{d}^2\boldsymbol{x}_i}{\mathrm{d}t^2}=-\dfrac{\partial U}{\partial\boldsymbol{x}_i},\quad (i=1,\cdots,N),$$

$$\dfrac{1}{2}\sum_{i=1}^N m_i\|\dot{\boldsymbol{x}}_i\|^2+U(\boldsymbol{x}_1,\cdots,\boldsymbol{x}_N)=\text{定数}.$$

ここで,
$$\frac{\partial U}{\partial \boldsymbol{x}_i} = \left(\frac{\partial U}{\partial x_{i_1}}, \frac{\partial U}{\partial x_{i_2}}, \frac{\partial U}{\partial x_{i_3}}\right), \quad (\boldsymbol{x}_i = (x_{i_1}, x_{i_2}, x_{i_3}))$$
である.

時刻 a における位置が $\boldsymbol{x}(a,\cdot)$ である物体を時刻 b における位置 $\boldsymbol{x}(b,\cdot)$ まで動かす.時刻 t においてこの物体に作用する力が $\boldsymbol{F}(t,\cdot)$ により与えられているとき,
$$W = \int_a^b \left(\int_V \frac{\mathrm{d}\boldsymbol{x}}{\mathrm{d}t}(t,x) \cdot \mathrm{d}\boldsymbol{F}(t,x)\right) \mathrm{d}t$$
を $\boldsymbol{x}(a,\cdot)$ から $\boldsymbol{x}(b,\cdot)$ に動かすためになされる**仕事**という.一般に,W は物体を動かすときの道筋による.

例題 3.4 仕事が物体を動かすときの道筋によらないための必要充分条件は,$\boldsymbol{F}$ があるポテンシャル・エネルギー U をもつこと,くわしくは
$$\mathrm{d}\boldsymbol{F}(t,x) = -\frac{\delta U}{\delta \boldsymbol{x}(t,\cdot)}(x) \tag{3.4}$$
を満たす U が存在することである.これを示せ.

【解】 まず,仕事は物体を動かすときの道筋によらないとする.基準となる位置 $\boldsymbol{x}_0(\cdot)$ を決め,任意の位置 $\boldsymbol{x}(\cdot)$ に対して $\boldsymbol{x}_0(\cdot)$ から $\boldsymbol{x}(\cdot)$ まで動かすためになされる仕事を W とする.そして.$U(\boldsymbol{x}(\cdot))=-W$ とおくと,
$$U(\boldsymbol{x}(\cdot)+\epsilon\boldsymbol{y}(\cdot))-U(\boldsymbol{x}(\cdot)) = \int_0^\epsilon \left(\int_V \boldsymbol{y}(x)\cdot \mathrm{d}\boldsymbol{F}(t,x)\right) \mathrm{d}t$$
により(3.4)を得る.逆に(3.4)が成り立つとき,
$$\frac{\mathrm{d}}{\mathrm{d}t}U(\boldsymbol{x}(t,\cdot)) = \int_V \frac{\mathrm{d}\boldsymbol{x}}{\mathrm{d}t}(t,\cdot)\frac{\delta U}{\delta \boldsymbol{x}(t,\cdot)}$$
であるから,$W=U(\boldsymbol{x}(b,\cdot))-U(\boldsymbol{x}(a,\cdot))$ となり,経路の取り方によらないことがわかる. □

すでに使い始めているが,本書で頻繁に使用される多変数関数についての事柄をまとめて述べておこう.

$\mathbb{R}^n$ の開集合 D 上で定義された n 変数関数 $f(x_1,\cdots,x_n)$ に対して,

$$\frac{\partial f}{\partial x_i}(x_1,\cdots,x_n) = \lim_{h\to 0}\frac{1}{h}\{f(x_1,\cdots,x_i+h,\cdots,x_n)-f(x_1,\cdots,x_n)\}$$

が存在するとき，これを変数 x_i に関する f の偏微分係数という．D の各点ですべての変数に関して偏微分可能であるとき，$\dfrac{\partial f}{\partial x_i}$ は D 上の関数とみなせるが，これらを 1 階偏導関数という．1 階偏導関数が D 上で偏微分係数をもつとき，$\dfrac{\partial^2 f}{\partial x_j \partial x_i} = \dfrac{\partial}{\partial x_j}\left(\dfrac{\partial f}{\partial x_i}\right)$ を 2 階偏微分係数 (偏導関数) という．高階の偏微分係数 (偏導関数) も帰納的に定義される．任意の階数の偏導関数が存在するとき，f は滑らかであるといわれる．滑らかな f に対しては，偏導関数 $\dfrac{\partial^k f}{\partial x_{i_1}\cdots \partial x_{i_k}}$ は $i_1,\cdots,i_k$ の順序によらない (この事実は，あとで重要な役割を果たす)．滑らかな $g(y_1,\cdots,y_m)$ および $y_i = y_i(x_1,\cdots,x_n)$ に対して，合成関数 $f(x_1,\cdots,x_n) = g(y_1(x_1,\cdots,x_n),\cdots,y_m(x_1,\cdots,x_n))$ の 1 階偏導関数は

$$\frac{\partial f}{\partial x_i} = \sum_{k=1}^{m} \frac{\partial g}{\partial y_k}\frac{\partial y_k}{\partial x_i} \qquad (i=1,\cdots,n)$$

により与えられる．

テイラー展開 $f(x_1,\cdots,x_n)$ が滑らかなとき，

$$\begin{aligned}
&f(x_1+h_1,\cdots,x_n+h_n) \\
&= \sum_{\nu=0}^{m-1}\frac{1}{\nu!}\left(\sum_{\mu=1}^{n} h_\mu \frac{\partial}{\partial x_\mu}\right)^\nu f(x_1,\cdots,x_n) + R_m \\
&= \sum \frac{1}{\nu_1!\cdots\nu_n!} h_1^{\nu_1}\cdots h_n^{\nu_n}\frac{\partial^{\nu_1+\cdots+\nu_n}}{\partial x_1^{\nu_1}\cdots \partial x_n^{\nu_n}}f(x_1,\cdots,x_n) + R_m.
\end{aligned}$$

この 2 番目の Σ では，$0\leq \nu_1+\cdots+\nu_n\leq m-1$, $\nu_1,\cdots,\nu_n\geq 0$ に渡る．さらに

$$R_m = \frac{1}{m!}\left(\sum_{\mu=1}^{n} h_\mu\frac{\partial}{\partial x_\mu}\right)^m f(x_1+\theta h_1,\cdots,x_n+\theta h_n) \qquad (0<\theta<1)$$

である．

陰関数定理 $F_1(x_1,\cdots,x_m,y_1,\cdots,y_n),\cdots,F_n(x_1,\cdots,x_m,y_1,\cdots,y_n)$ を $(\boldsymbol{a},\boldsymbol{b})=(a_1,\cdots,a_m,b_1,\cdots,b_n)$ の周りで定義された滑らかな関数とする．$F_i(\boldsymbol{a},\boldsymbol{b})=0$ $(i=1,\cdots,n)$ とし，もし行列式 $\det\left(\dfrac{\partial F_i}{\partial y_j}\right)$ が，$(\boldsymbol{a},\boldsymbol{b})$ で 0 と異なるとき，$b_i=f_i(\boldsymbol{a})$ $(i=1,2,\cdots,n)$ を満たす $\boldsymbol{a}$ のまわりで定義された滑らかな関数 $f_1(x_1,\cdots,x_m),\cdots,f_n(x_1,\cdots,x_m)$ が一意に存在して，

$y_i = f_i(x_1, \cdots, x_m)$ と置いたとき,

$$F_k(x_1, \cdots, x_m, y_1, \cdots, y_n) = 0 \qquad (k = 1, 2, \cdots, n)$$

が成り立つ.

逆関数定理 $F_1(x_1, \cdots, x_n), \cdots, F_n(x_1, \cdots, x_n)$ を $\boldsymbol{a} = (a_1, \cdots, a_n)$ のまわりで定義された滑らかな関数として, $\det\left(\dfrac{\partial F_i}{\partial x_j}\right)$ が $\boldsymbol{a}$ で 0 と異なるとする. $b_i = F_i(\boldsymbol{a})$ $(i = 1, \cdots, n)$ とするとき, $(b_1, \cdots, b_n)$ のまわりで定義された滑らかな関数 $G_1(y_1, \cdots, y_n), \cdots, G_n(y_1, \cdots, y_n)$ で,

$$G_i(F_1(x_1, \cdots, x_n), \cdots, F_n(x_1, \cdots, x_n)) = x_i,$$
$$F_i(G_1(y_1, \cdots, y_n), \cdots, G_n(y_1, \cdots, y_n)) = y_i \qquad (i = 1, \cdots, n)$$

を満たすものが一意に存在する.

多重積分の変数変換公式 $\mathbb{R}^n$ の開集合 D_1, D_2 の間の滑らかな全単射 $\varphi : D_1 \longrightarrow D_2$ について, その逆写像も滑らかと仮定する. $\varphi(x_1, \cdots, x_n) = (y_1(x_1, \cdots, x_n), \cdots, y_n(x_1, \cdots, x_n))$ と置いたとき, 次式が成り立つ.

$$\int_{D_2} f(y_1, \cdots, y_n) \, dy_1 \cdots dy_n$$
$$= \int_{D_1} f(\varphi(x_1, \cdots, x_n)) \left| \det\left(\dfrac{\partial y_i}{\partial x_j}\right) \right| dx_1 \cdots dx_n.$$

■3.2 常微分方程式

ニュートンの運動方程式(3.3)を数学的に取り扱うためには, 関数空間を設定する必要がある. 質点系 (V, m) 上の $\mathbb{R}^3$ 値可測関数の空間の部分空間 B で, あるノルム $\|\cdot\|$ に関してバナッハ空間となるものを考える. Ω を $B \times B$ の開集合とする. $\boldsymbol{G}(t, \boldsymbol{x}, \boldsymbol{y})$ は $(a, b) \times \Omega$ 上有界な B 値連続関数とし, つぎのリプシッツ条件を満たすとする:

$$\|\boldsymbol{G}(t,\boldsymbol{x}_1,\boldsymbol{y}_1)-\boldsymbol{G}(t,\boldsymbol{x}_2,\boldsymbol{y}_2)\| \leq C(\|\boldsymbol{x}_1-\boldsymbol{x}_2\|+\|\boldsymbol{y}_1-\boldsymbol{y}_2\|).$$

このとき，$(t_0,\boldsymbol{x}_0,\boldsymbol{y}_0)\in(a,b)\times\Omega$ に対して，$\epsilon>0$ を十分小さく取れば，$(t_0-\epsilon,t_0+\epsilon)$ において定義された(3.3)の解 $\boldsymbol{x}(t)$ で，初期条件 $\boldsymbol{x}(t_0)=\boldsymbol{x}_0$，$\dot{\boldsymbol{x}}(t_0)=\boldsymbol{y}_0$ を満たすものがただ1つ存在する．これを示すには，$\boldsymbol{y}=\dot{\boldsymbol{x}}$ と置けば，(3.3)は $\dot{\boldsymbol{y}}=\boldsymbol{G}(t,\boldsymbol{x},\boldsymbol{y})$，$\dot{\boldsymbol{x}}=\boldsymbol{y}$ という1階の常微分方程式に帰着されることに注意する．結局，B を一般のバナッハ空間とするとき，$[t_0-a,t_0+a]\times\{\boldsymbol{z}\in B;\ \|\boldsymbol{z}-\boldsymbol{z}_0\|\leq b\}$ 上の B 値有界連続かつリプシッツ条件を満たす $\boldsymbol{H}(t,\boldsymbol{z})$ について，方程式 $\dot{\boldsymbol{z}}=\boldsymbol{H}(t,\boldsymbol{z})$，$\boldsymbol{z}(t_0)=\boldsymbol{z}_0$ を考察すればよい．

例題 3.5 微分方程式 $\dot{\boldsymbol{z}}=\boldsymbol{H}(t,\boldsymbol{z})$，$\boldsymbol{z}(t_0)=\boldsymbol{z}_0$ について，解の存在と一意性を示せ．

【解】 存在をいうためには，逐次的に関数 $\boldsymbol{z}_n(t)$ をつぎのように定義する．

$$\boldsymbol{z}_0(t)\equiv\boldsymbol{z}_0,\quad \boldsymbol{z}_n(t)=\boldsymbol{z}_0+\int_{t_0}^t \boldsymbol{H}(t,\boldsymbol{z}_{n-1}(t))\,\mathrm{d}t\quad (n\geq 1).$$

関数列 $\{\boldsymbol{z}_n(t)\}$ が t_0 を含むある区間で一様収束することを確かめよう．このため，

$$M=\sup\{\|\boldsymbol{H}(t,\boldsymbol{x})\|;\ (t,\boldsymbol{x})\in(a,b)\times\Omega\},\qquad h=\min(a,b/M)$$

と置く．これ以後，$|t-t_0|\leq h$ とする．まず，$\|\boldsymbol{z}_1(t)-\boldsymbol{z}_0\|\leq hM\leq b$ であるから，$\int_{t_0}^t \boldsymbol{H}(t,\boldsymbol{z}_1(t))\mathrm{d}t$ が意味をもち，$\|\boldsymbol{z}_2(t)-\boldsymbol{z}_0\|\leq hM\leq b$．これを続ければ，$\boldsymbol{z}_3(t),\cdots,\boldsymbol{z}_n(t)$ が定義され，$\|\boldsymbol{z}_n(t)-\boldsymbol{z}_0\|\leq hM\leq b$ $(n=1,2,\cdots)$ が成り立つ．いっぽう，リプシッツ条件により，

$$\|\boldsymbol{z}_{n+1}(t)-\boldsymbol{z}_n(t)\|\leq C\left|\int_{t_0}^t \|\boldsymbol{z}_n(t)-\boldsymbol{z}_{n-1}(t)\|\,\mathrm{d}t\right|$$

であるから，帰納法により

$$\|\boldsymbol{z}_{n+1}(t)-\boldsymbol{z}_n(t)\|\leq \frac{b(C|t-t_0|)^n}{n!}$$

が得られる.このことから,各 t について,$\{z_n(t)\}$ はコーシー列であり,$\mathbb{B}$ の完備性により収束する.しかも,この収束は t について一様である.よって $z(t)=\lim_{n\to\infty}z_n(t)$ とおけば,$z(t)$ は連続であり,一様収束のもとでは積分と極限の交換がおこなえるから

$$z(t) = z_0 + \int_{t_0}^{t} H(t, z(t))\,\mathrm{d}t$$

を得る.これにより,$z(t)$ は微分可能であることがわかる.両辺を微分することにより,$z(t)$ が解であることが確かめられる.

一意性を示すために,$w(t)$ を $w(t_0)=z_0$ を満たす別の解とするとき,

$$w(t) = z_0 + \int_{t_0}^{t} H(t, w(t))\,\mathrm{d}t,$$

$$\|z(t)-w(t)\| = \left\|\int_{t_0}^{t} H(t,z(t))-H(t,w(t))\right\| \leq C\left|\int_{t_0}^{t}\|z(t)-w(t)\|\,\mathrm{d}t\right|. \tag{3.5}$$

よって,$\sup_{|t-t_0|\leq h}\|z(t)-w(t)\|=K$ と置けば,$\|z(t)-w(t)\|\leq KC|t-t_0|$.これを(3.5)の右辺に代入して

$$\|z(t)-w(t)\| \leq K\frac{C^2|t-t_0|^2}{2!}.$$

これをふたたび(3.5)の右辺に代入し,この手続きを繰り返して

$$\|z(t)-w(t)\| \leq K\frac{C^n|t-t_0|^n}{n!}$$

を得る.$n\to\infty$ とすることにより,結局 $K=0$ が結論される. □

$H(t,z)$ が t によらない場合,$\dot{z}=H(z)$,$z(0)=z_0$ の解を $z=z(t,z_0)$ とするとき,$|s|,|t|$ が十分に小さければ,$z(s+t,z_0)=z(s,z(t,z_0))$ が成り立つことが,解の一意性からただちに導かれる.

助変数 λ を持つ $H(t,z,\lambda)$ の滑らかさを仮定すると,初期値や λ に関する解の滑らかな依存性を証明できるが,これについては課題としておく[6].

$H(t,z)$ が z について線形として,$H(t,z)=A(t)z$ と表わす. $A(t):\mathbb{B}\longrightarrow\mathbb{B}$ が有界な線形作用素,すなわち,作用素ノルム

$$\|A\| = \sup_{u\neq 0} \|Au\|/\|u\|$$

に関して $\|A(t)\|<\infty$ であって,さらにこのノルムに関して,$t\mapsto A(t)$ が連続であるとき,**線形微分方程式** $\dot{z}=A(t)z$ の解は $A(t)$ の定義されている区間全体で存在する.これを証明するには,上の議論を見直せばよい.

課題 3.1 バナッハ空間の有界線形作用素の全体は,上のノルムでバナッハ空間になることを示せ.

例題 3.6
(1) A を $\mathbb{B}$ の有界な線形作用素とする.定数係数線形微分方程式 $\dot{z}=Az$,$z(0)=z_0$ の解は,$z(t)=(\exp tA)(z_0)$ により与えられることを示せ. ここで,

$$\exp A = I+A+\frac{1}{2!}A^2+\cdots+\frac{1}{n!}A^n+\cdots$$

は,有界な線形作用素を変数とする指数関数である(右辺が作用素ノルム $\|A\|$ に関して収束し,極限がふたたび有界な線形作用素となることは,通常の指数関数の場合と同様に証明される).なお,$\exp A$ の代わりに,e^A と表わすこともある.

(2) $\mathbb{B}$ の有界線形作用素 A,B に対して,$AB=BA$ が成り立つとき,$\exp(A+B)=\exp A\exp B$ であることを示せ.

【解】 (1)については,例題 3.5 の議論で

$$z_n = \left(I+A+\frac{1}{2!}A^2+\cdots+\frac{1}{n!}A^n\right)z_0$$

となることが,容易に確かめられる.(2)については,$X(t)=\exp tA\exp tB$ としたとき,$\dfrac{\mathrm{d}}{\mathrm{d}t}X(t)=(A+B)X(t)$ を確かめればよい(解の一意性!). □

> **演習問題 3.2** $\dot{z}(t)=Az(t)+\boldsymbol{b}(t)$, $z(0)=z_0$ の解は，
> $$z(t) = \int_0^t \bigl(\exp A(t-s)\bigr)\boldsymbol{b}(s)\,\mathrm{d}s+(\exp At)z_0$$
> により与えられることを示せ．

例題 3.7

(1) $A(t), B(t)$ をそれぞれ (l,m)-型行列と (m,n)-型行列に値を取る滑らかな行列値関数とするとき，次式を示せ．
$$\frac{\mathrm{d}}{\mathrm{d}t}(A(t)B(t)) = \dot{A}(t)B(t)+A(t)\dot{B}(t) \quad \left(\dot{A}(t)=\frac{\mathrm{d}}{\mathrm{d}t}A(t)\right)$$

(2) $A(t)$ を可逆な正方行列に値を取る滑らかな行列値関数とするとき，次式が成り立つことを示せ．
$$\frac{\mathrm{d}}{\mathrm{d}t}A(t)^{-1} = -A(t)^{-1}\dot{A}(t)A(t)^{-1}$$

【解】 (1)は通常の積の微分公式(ライプニッツ則)に帰着する．(2)は $A(t)A(t)^{-1}=I_n$ の両辺を微分すれば，(1)を適用することにより得られる． □

例題 3.8

(1) $A(t)$ を $SO(n)$ に値をもつ滑らかな関数とするとき，$A(t)^{-1}\dot{A}(t)$ は交代行列であることを示せ．

(2) 交代行列に値を取る滑らかな関数 $B(t)$ に対して，$\dot{A}(t)=A(t)B(t)$ $(A(0)=I)$ の解 $A(t)$ は，回転行列となることを示せ．

【解】

(1) ${}^{\mathrm{t}}A(t)A(t)=I$ (単位行列) の両辺を微分すれば，
$${}^{\mathrm{t}}\dot{A}(t)A(t)+{}^{\mathrm{t}}A(t)\dot{A}(t)=O \implies {}^{\mathrm{t}}\dot{A}\,{}^{\mathrm{t}}A^{-1}+A^{-1}\dot{A}=O$$
$$\implies {}^{\mathrm{t}}(A^{-1}\dot{A})=-A^{-1}\dot{A}.$$

(2) $\dfrac{\mathrm{d}}{\mathrm{d}t}A({}^{\mathrm{t}}A)=\dot{A}({}^{\mathrm{t}}A)+A({}^{\mathrm{t}}\dot{A})=AB({}^{\mathrm{t}}A)+A({}^{\mathrm{t}}B)({}^{\mathrm{t}}A)=A(B+{}^{\mathrm{t}}B){}^{\mathrm{t}}A=O.$
$t=0$ のとき $A({}^{\mathrm{t}}A)=I$ であるから，恒等的に $A({}^{\mathrm{t}}A)\equiv I$ である． □

例題 3.9 $ab>0$ であるとき，次式を示せ ($\mathrm{sgn}(a)$ は a の符号を表わす)．

$$\exp\begin{pmatrix} 0 & -a \\ b & 0 \end{pmatrix} = \begin{pmatrix} \cos\sqrt{ab} & -\operatorname{sgn}(a)\sqrt{ab^{-1}}\sin\sqrt{ab} \\ \operatorname{sgn}(b)\sqrt{ba^{-1}}\sin\sqrt{ab} & \cos\sqrt{ab} \end{pmatrix}.$$

【解】

$$\begin{pmatrix} 0 & -a \\ b & 0 \end{pmatrix}^{2n+1} = (-ab)^n \begin{pmatrix} 0 & -a \\ b & 0 \end{pmatrix},$$

$$\begin{pmatrix} 0 & -a \\ b & 0 \end{pmatrix}^{2n} = (-ab)^n \begin{pmatrix} 1 & 0 \\ 0 & 1 \end{pmatrix}$$

に注意. あとは正弦関数 $\sin t$ と余弦関数 $\cos t$ のベキ級数展開

$$\sin x = \sum_{n=0}^{\infty} \frac{(-1)^n}{(2n+1)!} x^{2n+1}, \quad \cos x = \sum_{n=0}^{\infty} \frac{(-1)^n}{(2n)!} x^{2n}$$

を使えばよい. □

例題 3.10 $a>0$ とする. 微分方程式

$$\frac{d^2 u}{dt^2} + a^2 u = f, \quad u(0) = u_0, \quad \frac{du}{dt}(0) = u_1$$

の解は,

$$u(t) = \cos(at)u_0 + \frac{\sin at}{a}u_1 + \int_0^t \frac{\sin a(t-s)}{a} f(s)\, ds$$

により与えられることを示せ.

【解】 $v = \dfrac{du}{dt}$, $z = {}^t(u, v)$, $b = {}^t(0, f)$ と置き, さらに $A = \begin{pmatrix} 0 & 1 \\ -a^2 & 0 \end{pmatrix}$ と置けば, $\dot{z} = Az + b$ を満たすから, 演習問題 3.2 と例題 3.10 に帰着する. □

例題 3.11 n 次の正方行列 A について, つぎの事柄を示せ.

(1) $\exp A$ は可逆であり, $(\exp A)^{-1} = \exp(-A)$.

(2) 可逆行列 P について, $P(\exp A)P^{-1} = \exp(PAP^{-1})$.

(3) $\det(\exp A) = e^{\operatorname{tr} A}$.

(4) A が交代行列ならば, $\exp A$ は回転行列であり, 逆にすべての t について $\exp tA$ が回転行列であれば, A は交代行列である.

(5) $A \neq O$ を 3 次の交代行列として, $A\boldsymbol{x} = \boldsymbol{a} \times \boldsymbol{x}$ とするとき(例題 1.4), $\exp tA$ は $\boldsymbol{a}$ を回転の軸とする回転角 $t\|\boldsymbol{a}\|$ の回転である.

―――― 指数関数 ――――

　指数関数 e^x は，積分 $x=f(y)=\displaystyle\int_1^y \frac{1}{t}\,dt$ の逆関数として定義され（$f(y)$ は対数関数 $\log y$ である），そのテイラー展開は，すべての実数 x に対して収束するベキ級数

$$e^x = 1 + \frac{1}{1!}x + \frac{1}{2!}x^2 + \cdots + \frac{1}{n!}x^n + \cdots$$

により与えられる．このことが，実変数 x を取り替えて別種の変数をもつ指数関数を定義する可能性を開くのである．たとえば，上のベキ級数はすべての複素数 x に対して収束するから，複素変数の指数関数を定義することができる．したがって，θ を実数とするとき，$e^{\sqrt{-1}\theta}$ に明確な意味付けがなされる．さらに $x=\sqrt{-1}\theta$ を上のベキ級数に代入し，実部と虚部に分けて，正弦関数と余弦関数のテイラー展開を用いれば

$$e^{\sqrt{-1}\theta} = \cos\theta + \sqrt{-1}\sin\theta$$

となることが容易に確かめられる．三角関数は三角比の概念から生じた関数であり，対数関数は実用計算のためにネイピアにより発明された対数を起源とする．双方とも，航海術や天文観測に関連している．指数関数は指数法則（$a^m a^n = a^{m+n}$, $(a^m)^n = a^{mn}$ など）に由来する．18世紀に発展した微分積分学は，これら出所のまったく異なる関数たちを直接的な形で結びつけたのである．なお，上式において $\theta=\pi$ とすれば，$e^{\sqrt{-1}\pi}=-1$ というオイラーの公式が得られる．

　本節でも述べたように，指数関数は行列変数にも拡張され，さらにこれを一般化するかたちで，与えられたリー群 G に対応するリー環 $\mathfrak{g}$ から G への指数写像の概念を導入することができる*．さらには，接続をもつ多様体 M の接空間から M への指数写像として，指数関数が一般化されるのである**．

―――――――――――――――

* 本講座「物の理・数の理 3」参照．
** 本講座「物の理・数の理 2」参照．

【解】(1)は,上の例題(2)から $\exp A \exp (-A)=I_n$ であることによる.
(2)は $\exp$ の定義と,$PA^n P^{-1}=(PAP^{-1})^n$ であることから明らか.(3)は,(2)を利用して,上三角行列の場合に帰着する.(4)については,${}^t\!A=-A$ とすれば,${}^t(\exp A)=\exp({}^t\!A)=\exp(-A)=(\exp A)^{-1}$ と,(3)により $\det(\exp A)=1$ であること,逆に $\exp tA$ が回転行列であれば,${}^t(\exp tA)(\exp tA)=I_n$ の両辺を微分すれば ${}^t\!A+A=O$ を得る.最後に(5)を示そう.このため,直交座標系を $\boldsymbol{a}=(0,0,a)$ $(a=\|\boldsymbol{a}\|)$ となるように取りなおし,$\boldsymbol{a}\times\boldsymbol{x}=(-ax_2,ax_1,0)$ に注意して,

$$\exp\begin{pmatrix} 0 & -at & 0 \\ at & 0 & 0 \\ 0 & 0 & 0 \end{pmatrix} = \begin{pmatrix} \cos at & -\sin at & 0 \\ \sin at & \cos at & 0 \\ 0 & 0 & 1 \end{pmatrix}$$

であることをみればよいが,これは $A(t)=\begin{pmatrix} \cos at & -\sin at \\ \sin at & \cos at \end{pmatrix}$ と置けば,$\dot{A}(t)=\begin{pmatrix} 0 & -a \\ a & 0 \end{pmatrix} A(t)$, $A(0)=I_2$ を満たすことと,解の一意性から明らか. □

有限個の質点からなる質点系の場合,ニュートンの運動方程式は本節で述べた常微分方程式に帰着されるが,無限個の質点からなるときには,一般には常微分方程式として取り扱うことができない場合がある*.

■3.3 調和振動子系

質量 m の1質点の運動が $m\ddot{\boldsymbol{x}}=-k\boldsymbol{x}$ $(k>0$ は定数$)$ により与えられるとき,これを原点を平衡点とする**調和振動子**という.解は

---

* 本講座「物の理・数の理 3」参照.

$$x_i(t) = a_i \cos\left(\sqrt{\frac{k}{m}}t\right) + b_i \sin\left(\sqrt{\frac{k}{m}}t\right) \quad (i=1,2,3)$$

により与えられる．$\nu = \dfrac{1}{2\pi}\sqrt{\dfrac{k}{m}}$ を**固有振動数**という．$U_0(\boldsymbol{x}) = \dfrac{1}{2}k\|\boldsymbol{x}\|^2$ と置けば，U_0 が調和振動子に対するポテンシャル・エネルギーである．

もっと一般に，$(\boldsymbol{x}_1^0, \cdots, \boldsymbol{x}_N^0)$ を平衡点とする**調和振動子系** $V = \{x_1, \cdots, x_N\}$ の運動方程式は，

$$m_i \ddot{\boldsymbol{x}}_i = -\sum_{j=1}^{N} K_{ij}(\boldsymbol{x}_j - \boldsymbol{x}_j^0) \quad (i=1,\cdots,N)$$

により与えられる．ここで，各 i,j に対して K_{ij} は 3 次の正方行列であり，${}^t K_{ij} = K_{ji}$ を満たすものとする．平衡点からのずれを表わすベクトル $\boldsymbol{y}_i = \boldsymbol{x}_i - \boldsymbol{x}_i^0$ を導入すれば，上の方程式は

$$m_i \ddot{\boldsymbol{y}}_i = -\sum_{j=1}^{N} K_{ij} \boldsymbol{y}_j \quad (i=1,\cdots,N) \tag{3.6}$$

になる．対応するポテンシャル・エネルギー U_0 は

$$U_0(\boldsymbol{x}_1, \cdots, \boldsymbol{x}_N) = \frac{1}{2} \sum_{i,j=1}^{N} \boldsymbol{y}_i \cdot (K_{ij} \boldsymbol{y}_j) \tag{3.7}$$

により与えられる．ここで，右辺の 2 次式は，半正定値と仮定する．

$\mathfrak{y} = (\boldsymbol{y}_1, \cdots, \boldsymbol{y}_N)$ の空間 $\mathbb{R}^{3N} = \mathbb{R}^3 \times \cdots \times \mathbb{R}^3$ の線形変換 A を

$$A(\mathfrak{y}) = \mathfrak{z} = (\boldsymbol{z}_1, \cdots, \boldsymbol{z}_N), \quad \boldsymbol{z}_i = \frac{1}{m_i} \sum_{j=1}^{N} K_{ij} \boldsymbol{y}_j$$

として定義する．A は $\mathbb{R}^{3N}$ のつぎのような内積に関して対称で，しかも半正定値である．

$$\langle \mathfrak{y}, \mathfrak{z} \rangle = \sum_{i=1}^{N} m_i \boldsymbol{y}_i \cdot \boldsymbol{z}_i.$$

そこで，A の固有値を重複度も込めて $\lambda_1, \cdots, \lambda_{3N}$ とするとき，$\nu_i = \dfrac{1}{2\pi}\sqrt{\lambda_i}$ とおいて，これを**調和振動子系の固有振動数**という．固有振動数および対応する固有関数を知ることができれば，調和振動子系の運動は完全に記述できる．実際，$A\mathfrak{y}_i = \lambda_i \mathfrak{y}_i$ $(i=1, 2, \cdots, 3N)$ を満たす正規直交基底 $\{\mathfrak{y}_i\}$ を取るとき，$\lambda_1 = \cdots = \lambda_k = 0$, $\lambda_i > 0$ $(i > k)$ とすれば，(3.6) の解は

$$\mathfrak{y} = \sum_{i=1}^{k}(\alpha_i t + \beta_i)\mathfrak{y}_i + \sum_{i>k} \gamma_i \cos 2\pi \nu_i (t+t_i)\mathfrak{y}_i$$

と表わされる（$\alpha_i, \beta_i, \gamma_i, t_i$ は任意定数）．

調和振動子系は，一般の滑らかなポテンシャル・エネルギー $U(\boldsymbol{x}_1, \cdots, \boldsymbol{x}_N)$ により相互作用する物理系の「近似」として普遍的に登場する．$(\boldsymbol{x}_1^0, \cdots, \boldsymbol{x}_N^0)$ を U の極小点としよう．それらは，質点のあいだでたがいに力が働かないという意味で**平衡な位置**を表わす．一般性を失うことなく，$U(\boldsymbol{x}_1^0, \cdots, \boldsymbol{x}_N^0) = 0$ と仮定してよい．U の $(\boldsymbol{x}_1^0, \cdots, \boldsymbol{x}_N^0)$ における 1 階微分は 0 であるから，$(\boldsymbol{x}_1^0, \cdots, \boldsymbol{x}_N^0)$ の周りでテーラー展開をおこなって，

$$U(\boldsymbol{x}_1^0 + \boldsymbol{y}_1, \cdots, \boldsymbol{x}_N^0 + \boldsymbol{y}_N)$$
$$= \frac{1}{2}\sum_{i,j=1}^{N} \boldsymbol{y}_i \cdot K_{ij} \boldsymbol{y}_j + (\{\boldsymbol{y}_i\} \text{ について 3 次以上の項})$$

と表わす．ここで

$$K_{ij} = \frac{\partial^2 U}{\partial \boldsymbol{x}_i \partial \boldsymbol{x}_j}(\boldsymbol{x}_1^0, \cdots, \boldsymbol{x}_N^0)$$

である．よって，質点たちが平衡位置 $(\boldsymbol{x}_1^0, \cdots, \boldsymbol{x}_N^0)$ の近くにいるかぎり，$U_0(\boldsymbol{x}_1, \cdots, \boldsymbol{x}_N)$ は $U(\boldsymbol{x}_1, \cdots, \boldsymbol{x}_N)$ の"良い"近似を与えている．

4
ベクトル解析からの準備

 力学理論では,力や電場,磁場など,ベクトルを値とする関数(ベクトル場)が登場するので,その基本的な事柄を述べよう.さらに,関数やベクトル場に作用する微分作用素である,勾配,発散,回転について簡単に解説する.

■4.1 勾配,発散,回転

 線形空間 L をモデルとする n 次元アフィン空間 A を考える.f を A の領域 D を定義域とする関数とする.A の斜交座標系 $(o, e_1, \cdots, e_n)$ に対して,$f(o+x_1 e_1 + \cdots + x_n e_n)$ を改めて $f(x_1, \cdots, x_n)$ と表わしたとき,もし $f(x_1, \cdots, x_n)$ が n 変数関数として,何回でも偏微分可能なとき,f を**滑らかな関数**という.この概念は,斜交座標系の取り方にはよらない.

 D から L への写像 X を D 上の**ベクトル場**という.各点 $p \in D$ に対して,$X(p) = a_1(p) e_1 + \cdots + a_n(p) e_n$ と表わしたとき,$a_1(p), \cdots, a_n(p)$ を X の点 p における**成分**といい,$X = (a_1, \cdots, a_n)$ と表わす.関数 a_i たちが滑らかなとき,X を**滑らかなベクトル場**という.

ベクトル場は,「無限小変換」としての機能をもつ. $D \times \mathbb{R}$ の開集合 U で, $D \times \{0\}$ を含むものを考える. $\varphi : U \longrightarrow A$ を滑らかな写像とする(すなわち, $\varphi(t,p)=(f_1(t,p),\cdots,f_n(t,p))$ と表わしたとき,すべての f_i が滑らかとする). $\varphi_t(p)=\varphi(t,p)$ と置くとき,もし $\varphi_0=\mathrm{Id}_D$ (D の恒等写像), $\varphi_s \circ \varphi_t = \varphi_{s+t}$ を(意味があるかぎり)満たすとき, φ は D の **1 径数局所変換群** とよばれる. $X(p)=\dfrac{\mathrm{d}}{\mathrm{d}t}\Big|_{t=0} \varphi(t,p)$ として X を定義することにより, D 上のベクトル場が得られる. X を φ に対する**無限小変換**という(逆に,ベクトル場 X に対して,それを無限小変換とする 1 径数局所変換群が,微分方程式 $\dfrac{\mathrm{d}}{\mathrm{d}t}\varphi(t)=X(\varphi(t))$, $\varphi(0)=p$ を解いて, $\varphi(t,p)=\varphi(t)$ と置くことにより得られる).

3次元ユークリッド空間 E^3 において,古典的なベクトル解析の概念を復習しよう. ベクトル解析における重要な概念は,「勾配」,「発散」,「回転」である(このうち,前の 2 つは一般の次元においても定義される). 以下,直交座標系 (x_1, x_2, x_3) を固定し, E^3 (あるいはその中の領域)上の関数は, (x_1, x_2, x_3) を変数とする関数と同一視する.

一般に,関数 $\mathbb{R}^n$ 上の関数 f に対して,その**台**(support)を, $\{\boldsymbol{x} \in \mathbb{R}^n; f(\boldsymbol{x}) \neq 0\}$ の閉包として定義し, $\mathrm{supp}\, f$ により表わす. ベクトル場の台も同様に定義する.

············1. 勾配

関数 $f(x_1, x_2, x_3)$ に対して,つぎのような成分をもつベクトル場を f の**勾配**(gradient)という.

$$\mathrm{grad}\, f = \left(\frac{\partial f}{\partial x_1}, \frac{\partial f}{\partial x_2}, \frac{\partial f}{\partial x_3} \right).$$

ベクトル的に記した偏微分演算子 $\nabla = \left(\dfrac{\partial}{\partial x_1}, \dfrac{\partial}{\partial x_2}, \dfrac{\partial}{\partial x_3}\right)$ をハミルトンの演算子といい，∇ (ナブラと読む)により表わす．これを使って，grad f を ∇f と表わすこともある．ベクトル場 X に対して，$X = -\text{grad } f$ となる関数 f があるとき，f を X の(**スカラー**)**ポテンシャル**という．

例題 4.1 領域 D 上のベクトル場 X がスカラー・ポテンシャルをもてば，D 内の任意の滑らかな閉曲線 $c : [a,b] \longrightarrow D$ に対して，次式が成り立つことを示せ．

$$\int_a^b X(c(t)) \cdot \dot{c}(t) \, dt = 0.$$

【解】 $X = -\text{grad } f$ とすると
$\int_a^b X(c(t)) \cdot \dot{c}(t) \, dt = -\int_a^b \dfrac{d}{dt} f(c(t)) \, dt = f(c(b)) - f(c(a)) = 0.$ □

············2. 発散

ベクトル場 $X = (a_1, a_2, a_3)$ に対して，つぎのように定義される関数を X の**発散**(divergence)という．

$$\text{div } X = \dfrac{\partial a_1}{\partial x_1} + \dfrac{\partial a_2}{\partial x_2} + \dfrac{\partial a_3}{\partial x_3}.$$

形式的に，div X は，∇ と X の内積の形をしているから，X の発散を，$\nabla \cdot X$ と表わすこともある．

$$\text{div}(\text{grad } f)(= \nabla \cdot (\nabla f)) = \dfrac{\partial^2 f}{\partial x_1{}^2} + \dfrac{\partial^2 f}{\partial x_2{}^2} + \dfrac{\partial^2 f}{\partial x_3{}^2}$$

となることが容易に確かめられる．微分作用素 $\nabla \cdot \nabla$ はラプラシアンとよばれ，Δ と表わされる．

例題 4.2 $\displaystyle\int_{\mathbb{R}^3} (\text{grad } f) \cdot X \, d\boldsymbol{x} = -\int_{\mathbb{R}^3} f(\text{div } X) \, d\boldsymbol{x}$ を示せ．ただし，f あるいは X のいずれかは有界な台をもつものと仮定する．

―― 部分積分の効用 ――

本書でもそうだが，解析学や物理学において**部分積分**の果たす役割は大きい．その基礎になるのが，微分と積分がたがいに逆演算であることをいう**微分積分学の基本定理**である：

$$\frac{\mathrm{d}}{\mathrm{d}x}\int_a^x f(t)\,\mathrm{d}t = f(x),\qquad \int_a^x \frac{\mathrm{d}}{\mathrm{d}x}f(x)\,\mathrm{d}x = f(x)-f(a).$$

積の微分法則（ライプニッツ則）

$$\frac{\mathrm{d}}{\mathrm{d}x}(f(x)g(x)) = \frac{\mathrm{d}}{\mathrm{d}x}f(x)\,g(x) + f(x)\frac{\mathrm{d}}{\mathrm{d}x}g(x)$$

を使えば，

$$\int_a^b f(x)\frac{\mathrm{d}}{\mathrm{d}x}g(x)\,\mathrm{d}x = f(x)g(x)\Big|_a^b - \int_a^b \frac{\mathrm{d}}{\mathrm{d}x}f(x)\,g(x)\,\mathrm{d}x$$

を得る．とくに，実数直線上の関数 f が有界な台をもてば，

$$\int_{-\infty}^{\infty} f(x)\frac{\mathrm{d}}{\mathrm{d}x}g(x)\,\mathrm{d}x = -\int_{-\infty}^{\infty} \frac{\mathrm{d}}{\mathrm{d}x}f(x)\,g(x)\,\mathrm{d}x$$

これから，有界な台を持つ n 変数関数 $f(\boldsymbol{x})$ の場合の公式

$$\int_{\mathbb{R}^n} f(\boldsymbol{x})\frac{\partial}{\partial x_i}g(\boldsymbol{x})\,\mathrm{d}\boldsymbol{x} = -\int_{\mathbb{R}^n} \frac{\partial}{\partial x_i}f(\boldsymbol{x})\,g(\boldsymbol{x})\,\mathrm{d}\boldsymbol{x}$$

が導かれる．解析学に現われる微分と積分を含んだような評価式（不等式）の証明や，超関数の理論（5.2節）やベクトル解析における積分公式，あるいはその一般化であるストークスの定理＊において，部分積分は必須の道具である．解析学のある専門家が言ったことだが，「行き詰まったら，部分積分をせよ」というのは，蓋し明言である．

―――――――――
＊ 本講座「物の理・数の理 2」参照．

【解】 $X=(a_1,a_2,a_3)$ とすると，部分積分を用いて

$$\int_{\mathbb{R}^3}(\mathrm{grad}\,f)\cdot X\,\mathrm{d}\boldsymbol{x} = \int_{\mathbb{R}^3}\Big(\frac{\partial f}{\partial x_1}a_1 + \frac{\partial f}{\partial x_2}a_2 + \frac{\partial f}{\partial x_3}a_3\Big)\mathrm{d}x_1\mathrm{d}x_2\mathrm{d}x_3$$

$$= -\int_{\mathbb{R}^3}\Big(f\frac{\partial a_1}{\partial x_1} + f\frac{\partial a_2}{\partial x_2} + f\frac{\partial a_3}{\partial x_3}\Big)\mathrm{d}x_1\mathrm{d}x_2\mathrm{d}x_3$$

$$= -\int_{\mathbb{R}^3} f(\mathrm{div}\,X)\,\mathrm{d}\boldsymbol{x}. \qquad \Box$$

3. 回転

ベクトル場 $X=(a_1, a_2, a_3)$ に対して，ベクトル場 rot X を

$$\mathrm{rot}\ X = \Big(\frac{\partial a_3}{\partial x_2} - \frac{\partial a_2}{\partial x_3},\ \frac{\partial a_1}{\partial x_3} - \frac{\partial a_3}{\partial x_1},\ \frac{\partial a_2}{\partial x_1} - \frac{\partial a_1}{\partial x_2} \Big)$$

により定義し，ベクトル場 X の**回転**(rotation)あるいは**渦度**という．rot X を curl X と表わす流儀もある．rot X は，形式的に ∇ と X のベクトル積の形をしているから，$\nabla \times X$ と表わすこともある．

ベクトル場 X に対して，rot $Y=X$ となるベクトル場 Y を，X の**ベクトルポテンシャル**という．

演習問題 4.1 部分積分を用いて，
$$\int (\mathrm{rot}\ X) \cdot Y\ \mathrm{d}\boldsymbol{x} = \int X \cdot (\mathrm{rot}\ Y)\ \mathrm{d}\boldsymbol{x}$$
を示せ．ここで，X あるいは Y のいずれかは有界な台をもつとする．

演習問題 4.2
(1) ベクトル場 X に対して，$\mathrm{div}\,(\mathrm{rot}\ X)=0$，および関数 f に対して $\mathrm{rot}\,(\mathrm{grad}\ f)=0$ となることを示せ．
(2) ベクトル場 X に対して，$\mathrm{rot}\,(\mathrm{rot}\ X) = \mathrm{grad}\,(\mathrm{div}\ X) - \Delta X$ となることを示せ．
(3) ベクトル場 X, Y に対して，$\mathrm{div}\,(X \times Y) = Y \cdot \mathrm{rot}\ X - X \cdot \mathrm{rot}\ Y$ となることを示せ．

例題 4.3 D を $\mathbb{R}^3$ の凸な開集合とする．
(1) D 上の滑らかなベクトル場 X について，$\mathrm{div}\ X=0$ であるとき，$\mathrm{rot}\ A=X$ となる D 上のベクトル場 A が存在することを示せ．

―――― ベクトル場の直観的意味 ――――

　地表面上に空気の流れ(気流)があるとき，その様子はいくつかの地点に置いた風向・風力計を用いればあるていどわかる(ただし上昇気流や下降気流はないとする)．風向・風力計は，その地点における風の向きとその強さを表わすベクトル量を観測していることに注意しよう．したがって，もし「すべての」地点に風向・風力計が設置されていれば，平面上のベクトル場が観測されることになる．逆に，この観測されたベクトル場から，気流が完全に決定されることは直観的に理解されるだろう．これはまさに常微分方程式の解の存在と一意性にほかならない．

　今，地表面を平面としたが，地球(球面)上の気流と球面上のベクトル場の関係もまったく同様である．ところで，球面上のベクトル場 X は必ず $X(p)=0$ となる点 p をもつことが，位相幾何学の定理から結論される．このことから，地球上の気流には必ず無風地点が存在することがわかる．

(2) D 上の滑らかなベクトル場 X について，rot $X=0$ であるとき，grad $f=X$ となる D 上の滑らかな関数 f が存在することを示せ．

【解】 D は原点を含むとしてよい．まず(1)を示す．$X=(b_1,b_2,b_3)$ として

$$a_1(\boldsymbol{x}) = \int_0^1 t(x_3 b_2(t\boldsymbol{x}) - x_2 b_3(t\boldsymbol{x}))\,dt,$$
$$a_2(\boldsymbol{x}) = \int_0^1 t(x_1 b_3(t\boldsymbol{x}) - x_3 b_1(t\boldsymbol{x}))\,dt,$$
$$a_3(\boldsymbol{x}) = \int_0^1 t(x_2 b_1(t\boldsymbol{x}) - x_1 b_2(t\boldsymbol{x}))\,dt$$

と置く．条件 $\dfrac{\partial b_1}{\partial x_1}+\dfrac{\partial b_2}{\partial x_2}+\dfrac{\partial b_3}{\partial x_3}=0$ を使えば

$$\frac{\partial a_2}{\partial x_1}-\frac{\partial a_1}{\partial x_2}$$
$$=\int_0^1 \left\{-t^2 x_3\left(\frac{\partial b_1}{\partial x_1}+\frac{\partial b_2}{\partial x_2}\right)+t^2\left(x_1\frac{\partial b_3}{\partial x_1}+x_2\frac{\partial b_3}{\partial x_2}\right)+2tb_3(t\boldsymbol{x})\right\}dt$$
$$=\int_0^1 \left\{t^2\left(x_1\frac{\partial b_3}{\partial x_1}+x_2\frac{\partial b_3}{\partial x_2}+x_3\frac{\partial b_3}{\partial x_3}\right)+2tb_3(t\boldsymbol{x})\right\}dt$$
$$=\int_0^1 t^2\frac{d}{dt}b_3(t\boldsymbol{x})\,dt+2\int_0^1 tb_3(t\boldsymbol{x})\,dt = t^2 b_3(t\boldsymbol{x})\Big|_0^1 = b_3(\boldsymbol{x})$$

となる．同様にして $\dfrac{\partial a_3}{\partial x_2}-\dfrac{\partial a_2}{\partial x_3}=b_1(\boldsymbol{x})$, $\dfrac{\partial a_1}{\partial x_3}-\dfrac{\partial a_3}{\partial x_1}=b_2(\boldsymbol{x})$ を得るから，$A=(a_1,a_2,a_3)$ と置けば，rot $A=X$ である．

つぎに(2)を示そう．$X=(a_1,a_2,a_3)$ に対して，$f(\boldsymbol{x})=\int_0^1 (a_1(t\boldsymbol{x})x_1+a_2(t\boldsymbol{x})x_2+a_3(t\boldsymbol{x})x_3)\mathrm{d}t$ と置く．条件 $\dfrac{\partial a_2}{\partial x_1}=\dfrac{\partial a_1}{\partial x_2}$, $\dfrac{\partial a_3}{\partial x_1}=\dfrac{\partial a_1}{\partial x_3}$ から

$$\begin{aligned}
\frac{\partial f}{\partial x_1}(\boldsymbol{x}) &= \int_0^1 a_1(t\boldsymbol{x})\,\mathrm{d}t \\
&\quad + \int_0^1 t\Big(\frac{\partial a_1}{\partial x_1}(t\boldsymbol{x})x_1+\frac{\partial a_2}{\partial x_1}(t\boldsymbol{x})x_2+\frac{\partial a_3}{\partial x_1}(t\boldsymbol{x})x_3\Big)\,\mathrm{d}t \\
&= \int_0^1 a_1(t\boldsymbol{x})\,\mathrm{d}t \\
&\quad + \int_0^1 t\Big(\frac{\partial a_1}{\partial x_1}(t\boldsymbol{x})x_1+\frac{\partial a_1}{\partial x_2}(t\boldsymbol{x})x_2+\frac{\partial a_1}{\partial x_3}(t\boldsymbol{x})x_3\Big)\,\mathrm{d}t \\
&= \int_0^1 a_1(t\boldsymbol{x})\,\mathrm{d}t + \int_0^1 t\frac{\mathrm{d}}{\mathrm{d}t}a_1(t\boldsymbol{x})\,\mathrm{d}t \\
&= \int_0^1 a_1(t\boldsymbol{x})\,\mathrm{d}t + ta_1(t\boldsymbol{x})\Big|_0^1 - \int_0^1 a_1(t\boldsymbol{x})\,\mathrm{d}t = a_1(\boldsymbol{x}).
\end{aligned}$$

同様に $\dfrac{\partial f}{\partial x_2}(\boldsymbol{x})=a_2(\boldsymbol{x})$, $\dfrac{\partial f}{\partial x_3}(\boldsymbol{x})=a_3(\boldsymbol{x})$ を得るから，grad $f=X$ となる．
□

上の例題は，**ポアンカレの補題**の特別な場合である．その中で D を凸領域と仮定したが，一般の D に対しては div $X=0$ を満たすベクトル場がベクトル・ポテンシャルをもつとは限らない．同様に，rot $X=0$ を満たすベクトル場がスカラー・ポテンシャルをもつとは限らない(つぎの例題をみよ)．この事情は，後に微分形式およびド・ラームのコホモロジー群の概念を導入することにより明確になる*．

例題 4.4 領域 $D=\{(x_1,x_2,x_3);\ (x_1,x_2)\neq(0,0)\}$ 上のベクトル場 $A=\left(\dfrac{-x_2}{x_1^2+x_2^2},\dfrac{x_1}{x_1^2+x_2^2},0\right)$ は D 上で rot $A=0$ であるが，スカラー・ポテンシャルをもたない．

---

* 本講座「物の理・数の理 2」参照．

【解】 rot $A=0$ は直接的計算による．閉曲線 $c(t)=(\cos t, \sin t, 0)$ ($t\in [0, 2\pi]$) について，

$$\int_0^{2\pi} A(c(t)) \cdot \dot{c}(t)\,dt = 2\pi$$

であるから，例題 4.1 により，A はスカラー・ポテンシャルをもち得ない．

□

4.2 曲線，曲面に沿う接ベクトル場

後に扱う**電流**の概念において必要となる事項を述べておこう．$c : (a, b) \longrightarrow \mathbb{R}^3$ を滑らかな曲線とする．ただし，速度ベクトル $\dot{c}$ はいたるところ 0 と異なるものとする．ベクトル値関数 $X : (a, b) \longrightarrow \mathbb{R}^3$ について，$X(t)$ が速度ベクトル $\dot{c}(t)$ に平行であるとき，X を曲線 c の**接ベクトル場**という．

例題 4.5

(1) X を滑らかな曲線 $c : (-\infty, \infty) \longrightarrow \mathbb{R}^3$ に沿う接ベクトル場とする．$t \to \pm\infty$ において $c(t)$ が無限遠に発散するとき，

$$\int_{-\infty}^{\infty} X(t) \cdot (\mathrm{grad}\, f)(c(t))\,dt = 0$$

が有界な台をもつすべての関数 f に対して成り立つための条件は，ある定数 α により，$X(t)=\alpha\|\dot{c}(t)\|^{-1}\dot{c}(t)$ が成り立つことである．これを示せ．

(2) $c : [a, b] \longrightarrow \mathbb{R}^3$ が滑らかな閉曲線であるときも，上と同じことが成り立つことを示せ．

【解】 $X(t) = \alpha(t)\dot{c}(t)$ と置く．$\dfrac{d}{dt}f(c(t)) = (\mathrm{grad}\, f)(c(t)) \cdot \dot{c}(t)$ により，

$$\int_a^b X(t) \cdot (\mathrm{grad}\, f)(c(t))\,dt = \int_a^b \alpha(t) \frac{d}{dt}f(c(t))\,dt$$
$$= \alpha(t)f(c(t))\big|_a^b - \int_a^b \frac{d}{dt}\alpha(t)\,f(c(t))\,dt = \int_a^b \frac{d}{dt}\alpha(t)\,f(c(t))\,dt$$

4.2 曲線,曲面に沿う接ベクトル場

―― 勾配,発散,回転の意味 ――

点 p の周りで定義された関数 f の方向微分 $\dfrac{d}{dt}\Big|_{t=0} f(p+t\boldsymbol{u}) = (\mathrm{grad}\ f)\cdot\boldsymbol{u}$ ($\|\boldsymbol{u}\|=1$) は,点 p における方向 $\boldsymbol{u}$ への f の「勾配」を表わしている.これを最大にする方向 $\boldsymbol{u}$ は,$\mathrm{grad}\ f(p)\neq\boldsymbol{0}$ のときには,$\boldsymbol{u}=\mathrm{grad}\ f(p)/\|\mathrm{grad}\ f(p)\|$ により与えられる.

原点 $\boldsymbol{0}$ の周りで定義されたベクトル場 $X=(\xi_1,\xi_2,\xi_3)$ に対して,ξ_i をテイラー展開して,x_i の 2 次以上の項を無視すると

$$\xi_i(\boldsymbol{x}) = \xi_i(\boldsymbol{0}) + \sum_{j=1}^{3}\frac{\partial \xi_i}{\partial x_j}x_j$$
$$= \xi_i(\boldsymbol{0}) + \frac{1}{2}\sum_{j=1}^{3}\Big(\frac{\partial \xi_i}{\partial x_j}-\frac{\partial \xi_j}{\partial x_i}\Big)x_j$$
$$+ \frac{1}{2}\sum_{j=1}^{3}\Big(\frac{\partial \xi_i}{\partial x_j}+\frac{\partial \xi_j}{\partial x_i}\Big)x_j$$
$$\Longrightarrow X(\boldsymbol{x}) = X(\boldsymbol{0}) + \frac{1}{2}(\mathrm{rot}\ X)(\boldsymbol{0})\times\boldsymbol{x} + S(\boldsymbol{x}). \quad (4.1)$$

ここで,S は対称行列 (s_{ij}),$s_{ij}=\dfrac{1}{2}\Big(\dfrac{\partial \xi_i}{\partial x_j}+\dfrac{\partial \xi_j}{\partial x_i}\Big)$ に対応する対称変換である.右辺の第 1 項は定ベクトル $X(\boldsymbol{0})$ による「並進」$\boldsymbol{x}\mapsto \boldsymbol{x}+tX(\boldsymbol{0})$ に対する無限小変換,第 2 項は回転軸 $(\mathrm{rot}\ X)(\boldsymbol{0})$ の周りの回転角 $t\|\boldsymbol{a}\|$ の回転により与えられる 1 径数変換群の無限小変換(例題 3.11 (5)),第 3 項はたがいに直交する 3 つの方向(S の直交する 3 つの固有ベクトル $\boldsymbol{e}_1,\boldsymbol{e}_2,\boldsymbol{e}_3$)への「伸縮」を表わす 1 径数変換群 $\boldsymbol{x}\mapsto(\exp tS)\boldsymbol{x}$ の無限小変換と考えられる.$\mathrm{tr}\ S=(\mathrm{div}\ X)(\boldsymbol{0})$ に注意しよう.これは「伸縮」に対する体積変化の割合を表わしている.対称行列 (s_{ij}) を**ひずみテンソル**とよぶ.(4.1) は,「連続体」の運動が,各点で「並進」,「回転」,「伸縮」の 3 つの変位の合成で表わされるという,**ヘルムホルツの定理**(1858 年)にほかならない.

ひずみテンソルは連続体の理論において重要な役割を果たす[*].

---

[*] 本講座「物の理・数の理 2」参照.

に注意すればよい. □

M を $\mathbb{R}^3$ の中の滑らかな曲面とする. $\boldsymbol{S}(u,v)$ を M の**局所径数表示**としよう. すなわち, M の開集合 U および $\mathbb{R}^2$ の開集合 V を定義域とする滑らかな写像 $\boldsymbol{S} : V \longrightarrow \mathbb{R}^3$ で, つぎの性質を満たすものとする.
(i) $\boldsymbol{S}(V)=U$ であり, しかも $\boldsymbol{S}$ は単射である.
(ii) $\boldsymbol{S}_u(u,v), \boldsymbol{S}_v(u,v)$ は各点 $(u,v) \in V$ で線形独立である. ここで $\boldsymbol{S}_u = \dfrac{\partial \boldsymbol{S}}{\partial u}, \boldsymbol{S}_v = \dfrac{\partial \boldsymbol{S}}{\partial v}$ とする. $\boldsymbol{S}_u, \boldsymbol{S}_v$ は, $\boldsymbol{S}(u,v)$ における M の接平面の基底であるから, $X(\boldsymbol{S}(u,v))=a(u,v)\boldsymbol{S}_u + b(u,v)\boldsymbol{S}_v$ と表わされる.

ベクトル値関数 $X : M \longrightarrow \mathbb{R}^3$ について, $X(p)$ が M の p における接平面に平行なとき, X を M 上の**接ベクトル場**という. 接平面に垂直なベクトルは, **法ベクトル**とよばれる. 法ベクトルは $\boldsymbol{S}_u \times \boldsymbol{S}_v$ のスカラー倍である. とくに
$$\boldsymbol{n}(p) = \frac{\boldsymbol{S}_u \times \boldsymbol{S}_v}{\|\boldsymbol{S}_u \times \boldsymbol{S}_v\|} \qquad (p = \boldsymbol{S}(u,v))$$
と置くことにより, U 上の**単位法ベクトル場**が得られる.

$\|\boldsymbol{S}_u \times \boldsymbol{S}_v\| = \sqrt{\|\boldsymbol{S}_u\|^2 \|\boldsymbol{S}_v\|^2 - (\boldsymbol{S}_u \cdot \boldsymbol{S}_v)^2}$ は, $\boldsymbol{S}_u, \boldsymbol{S}_v$ により張られる平行四辺形 P の面積であることを思い出そう. $\varDelta u, \varDelta v$ を増分として, $(u,v), (u+\varDelta u, v), (u, v+\varDelta v), (u+\varDelta u, v+\varDelta v)$ を頂点とする長方形の $\boldsymbol{S}$ による像の表面積は, $\sqrt{\|\boldsymbol{S}_u\|^2 \|\boldsymbol{S}_v\|^2 - (\boldsymbol{S}_u \cdot \boldsymbol{S}_v)^2} \varDelta u \varDelta v$ で近似されると考えてよいから, V 内の領域 D の像 $\boldsymbol{S}(D)$ の表面積は
$$\int_D \sqrt{\|\boldsymbol{S}_u\|^2 \|\boldsymbol{S}_v\|^2 - (\boldsymbol{S}_u \cdot \boldsymbol{S}_v)^2} \, \mathrm{d}u \mathrm{d}v$$
により計算される. 形式的に

$$d\sigma = \sqrt{\|\boldsymbol{S}_u\|^2\|\boldsymbol{S}_v\|^2 - (\boldsymbol{S}_u \cdot \boldsymbol{S}_v)^2}\,dudv$$

と置いて，これを曲面 S の**面積測度**(**要素**)という．古典的な曲面論の記号である**第 1 基本形式の係数** $E=\|\boldsymbol{S}_u\|^2$, $F=\boldsymbol{S}_u \cdot \boldsymbol{S}_v$, $G=\|\boldsymbol{S}_v\|^2$ を用いて，$d\sigma=\sqrt{EG-F^2}dudv$ と表わすこともある．

例題 4.6 面積要素 $d\sigma$ に関する積分が，局所径数表示の取り方によらずに定まることを示せ．

【解】 径数 (u,v) を別の径数 (u_1,v_1) に変換したとき，(u_1,v_1) に関する第 1 基本形式の係数を E_1, F_1, G_1 とすると，

$$EG-F^2 = (E_1 G_1 - F_1{}^2)\begin{vmatrix} \dfrac{\partial u_1}{\partial u} & \dfrac{\partial v_1}{\partial u} \\ \dfrac{\partial u_1}{\partial v} & \dfrac{\partial v_1}{\partial v} \end{vmatrix}^2$$

が成り立つ．このことから，2 重積分の変換公式を利用すれば

$$\int f(u,v)\sqrt{EG-F^2}\,dudv$$
$$= \int f(u(u_1,v_1),v(u_1,v_1))\sqrt{E_1 G_1 - F_1{}^2}\begin{vmatrix} \dfrac{\partial u_1}{\partial u} & \dfrac{\partial v_1}{\partial u} \\ \dfrac{\partial u_1}{\partial v} & \dfrac{\partial v_1}{\partial v} \end{vmatrix}dudv$$
$$= \int f(u(u_1,v_1),v(u_1,v_1))\sqrt{E_1 G_1 - F_1{}^2}\,du_1 dv_1$$

が得られ，面積分の径数表示に関する独立性が示される． □

例 原点を中心とする半径 r の球面の局所径数表示として，空間の極座標を使って $S(\theta,\phi)=(r\sin\theta\cos\phi, r\sin\theta\sin\phi, r\cos\theta)$ を考えれば，その面積要素は $r^2 d\theta d\phi$ である．

例題 4.7 $c:[a,b]\longrightarrow M$ を滑らかな曲線とするとき，もし $c([a,b])$ が U に含まれていれば，c の長さは

$$\ell(c) = \int_a^b \sqrt{E\left(\frac{du}{dt}\right)^2 + 2F\frac{du}{dt}\frac{dv}{dt} + G\left(\frac{dv}{dt}\right)^2}$$

により与えられることを示せ．ここで，$c(t)=\boldsymbol{S}(u(t),v(t))$ とする．

─ ガウスはなんでも知っていた!? ─

「曲がった」図形である曲面の幾何学を創始したのはガウス(1777-1855)である．ガウスの研究は，微分幾何学という分野の勃興を促し，19世紀以後の幾何学に大きな影響を及ぼした．なかでも重要なことは，曲面の**曲率**という概念を見出し，それが曲面の「内在的」量であることを発見したことである．ガウスの曲率は，$K=(LN-M^2)(EG-F^2)^{-1}$ により定義される．ここで $L=\boldsymbol{S}_{uu}\cdot\boldsymbol{n}, M=\boldsymbol{S}_{uv}\cdot\boldsymbol{n}, N=\boldsymbol{S}_{vv}\cdot\boldsymbol{n}$ であり，これらは**第2基本形式**の係数とよばれる．幾何学的には，点 p における接平面を x_1x_2 座標平面とするように取ったとき，S はある関数 $x_3=f(x_1,x_2)$ ($f(0,0)=0$) のグラフとして表わされるが，この f のテイラー展開

$$f(x_1,x_2) = \frac{1}{2}(ax_1^2+2bx_1x_2+cx_2^2)+(\text{高次の項})$$

における係数により，$K(p)=ac-b^2$ と表わされる．こうすると，曲率 $K(p)$ は曲面の「外」から眺めたときの「曲がり方」の指標と考えられる．しかし，ガウスは曲率が E, F, G のみを用いて表わされることを示し，じつは曲面の「外」を必要としない概念であることを証明したのである．ガウス自身により「驚異の定理」と名づけられたこの発見は，やはりガウスが発見者のひとりである非ユークリッド幾何学とともに，それまで「等方・平坦」と信じられていた宇宙空間が，「曲がっていても」不思議ではないこと

古典的な微分幾何学では，$ds^2=E(du)^2+2Fdudv+G(dv)^2$ と置き，これを**第1基本形式**という．上式は形式的に $\ell(c)=\int_a^b ds$ と表わされる．この意味で，ds を**線素**ということもある．

【解】 $c(t)=(x_1(t), x_2(t), x_3(t))$ とすれば，

$$\ell(c)=\int_a^b \sqrt{\left(\frac{dx_1}{dt}\right)^2+\left(\frac{dx_2}{dt}\right)^2+\left(\frac{dx_3}{dt}\right)^2}\,dt.$$

$x_i(t)=S_i(u(t), v(t))$ であるから，合成関数の微分公式を使えば主張が得られる． □

曲面上の関数や接ベクトル場に対しても，つぎのようにして

を示唆していた．そして，その構造を解析する手段の可能性をも与えたのである．実際，ガウス-ボンネの定理によれば，曲面上の最短線（測地線）を辺とする小さい三角形 $\triangle ABC$ について，

$$\int_\triangle K \, d\sigma = (\angle A + \angle B + \angle C) - \pi$$

が成り立つ．「平坦性」が平行線の公理が成り立つことと同義であり，平行線の公理が「三角形の内角の和が2直角 π に等しい」ことと同値であることを思い出せば，宇宙空間の「曲率」を導入し，それを計算できれば，宇宙空間の「平坦性」からのずれを見出せることになる．

曲面論はリーマンによる高次元化および曲率の「内在性」の明確化を経て，「曲がった」時空の理論であるアインシュタインによる一般相対論に繋がることになった*．ガウスは，かれの友人への手紙の中で，「驚異の定理」が「空間の形而上学的理解に役に立つだろう」と言っている事実は，ガウスが空間理論の将来を精確に見越していたのではないかと思わせるものがある[2]．

---

* 本講座「物の理・数の理 3」参照．

勾配と発散を定義することができる．$p \in M$ に対して，p の $\mathbb{R}^3$ での近傍における f の拡張 F を取り，$(\mathrm{grad}\, F)(p)$ の接平面への直交射影を $(\mathrm{grad}_M f)(p)$ とする．

例題 4.8 $\mathrm{grad}_M f = \alpha \boldsymbol{S}_u + \beta \boldsymbol{S}_v$, $f(u,v) = f(\boldsymbol{S}(u,v))$ と表わすとき，

$$\alpha = \frac{G}{EG-F^2} \frac{\partial f}{\partial u} - \frac{F}{EG-F^2} \frac{\partial f}{\partial v},$$
$$\beta = -\frac{F}{EG-F^2} \frac{\partial f}{\partial u} + \frac{E}{EG-F^2} \frac{\partial f}{\partial v}$$

となることを示せ．とくに，$\mathrm{grad}_M f$ は，拡張 F の取り方にはよらずに定まる．

【解】 $\mathrm{grad}_M f = \mathrm{grad}\, F - \mathrm{grad}\, F \cdot \boldsymbol{n}$ であるから,$\boldsymbol{S}=(S_1, S_2, S_3)$ と置けば

$$\frac{\partial}{\partial u} f(u,v) = \frac{\partial}{\partial u} F(\boldsymbol{S}(u,v)) = \frac{\partial F}{\partial x_1}\frac{\partial S_1}{\partial u} + \frac{\partial F}{\partial x_2}\frac{\partial S_2}{\partial u} + \frac{\partial F}{\partial x_3}\frac{\partial S_3}{\partial u}$$

$$= \mathrm{grad}\, F \cdot \boldsymbol{S}_u = \mathrm{grad}\, f \cdot \boldsymbol{S}_u = \alpha E + \beta F.$$

同様に,$\dfrac{\partial}{\partial v} f(u,v) = \alpha F + \beta G$ を得る.これらを α, β について解けばよい. □

M の接ベクトル場 $X = a(u,v)\boldsymbol{S}_u + b(u,v)\boldsymbol{S}_v$ に対して,$\mathrm{div}_M X$ を M 上の関数として,

$$\mathrm{div}_M X = \frac{1}{\sqrt{EG-F^2}} \left(\frac{\partial}{\partial u}\left(\sqrt{EG-F^2}\, a\right) + \frac{\partial}{\partial u}\left(\sqrt{EG-F^2}\, b\right) \right)$$

により定義する.

例題 4.9 M 上の関数 f と接ベクトル場 X に対して,f または X のいずれかが有界な台をもつとき,つぎの式が成り立つことを示せ.

$$\int_M \mathrm{div}_M X\, f\, \mathrm{d}\sigma = -\int_M X \cdot \mathrm{grad}_M f\, \mathrm{d}\sigma.$$

【解】 $X \cdot \mathrm{grad}_M f = \dfrac{\partial f}{\partial u} a + \dfrac{\partial f}{\partial v} b$ となることが簡単な計算により確かめられる.f(または X)の台が U に含まれているときは,部分積分により主張が得られる.一般の場合は,f(または X)を適当に有限個の関数(または接ベクトル)の和に分解して,それぞれの台が局所径数表示をもつ開集合に含まれるようにすればよい. □

5
重力場, 電場, 磁場

 古典力学に登場する基本的な力は, **重力**, **電気力**, **磁力**である. このうち, 後者の2つは統一的に扱う必要があるが, それらが時間によらない場合(静電場, 静磁場)を考えるかぎりは, 独立した力として考察してよい. 本章では, これらの力のもとでのニュートン力学を論じる.

■5.1 重力場

 慣性系を1つ固定しておく. 一般に, 質点系 $(V, m, \boldsymbol{x}(\cdot))$ に働く力 $\mathrm{d}\boldsymbol{F}$ に対して, V 上の実数値可測関数 f_V および, 質点系にはよらない $\mathbb{R}^3$ 上のベクトル場 $\boldsymbol{K}$ で $\mathrm{d}\boldsymbol{F}(x) = f_V(x)\boldsymbol{K}(\boldsymbol{x}(x))\mathrm{d}m(x)$ と表わされるとき, $\boldsymbol{K}$ を**力の場**という. 関数 f_V は, 一般に質点系 (V, m) の性質に依存する. とくに $\boldsymbol{K}$ がスカラー・ポテンシャルをもつ場合, すなわち $\boldsymbol{K} = -\mathrm{grad}\, u$ を満たす関数 u をもつとき, $\boldsymbol{K}$ を**保存場**という. $U(\boldsymbol{x}(\cdot)) = \int_V u(\boldsymbol{x}(x))f_V(x)\mathrm{d}m(x)$ と置けば, $U(\boldsymbol{x}(\cdot))$ は $\boldsymbol{F}$ に対するポテンシャル・エネルギーである.

 物体の質点間に作用するもっとも普遍的な力は**万有引力**(重

力)である．**万有引力の法則**によれば，質点系 $(V_0, m_0, \boldsymbol{x}_0(\cdot))$ が与えられたとき，$f_V \equiv 1$ であり，力の場は

$$\boldsymbol{G}(\boldsymbol{x}) = G \int_{V_0} \frac{\boldsymbol{x}_0(y) - \boldsymbol{x}}{\|\boldsymbol{x}_0(y) - \boldsymbol{x}\|^3} \, dm_0(y)$$
$$= G \int_{\mathbb{R}^3} \frac{\boldsymbol{y} - \boldsymbol{x}}{\|\boldsymbol{y} - \boldsymbol{x}\|^3} \, d\mu_0(\boldsymbol{y})$$

により与えられる．ここで，μ_0 は $(V_0, m_0, \boldsymbol{x}_0(\cdot))$ の質量分布であり，$\boldsymbol{x}$ は $\boldsymbol{x}_0(V_0)$ の補集合に属する．$\boldsymbol{G}$ を，質点系により生成される**重力場**という．G は**重力定数**とよばれる正の定数である．したがって，質点系 (V, m) に重力場以外の力が働いていない場合には，$d\boldsymbol{F}(x) = \boldsymbol{G}(\boldsymbol{x}(x))dm(x)$ により与えられる力が働き，ニュートンの運動方程式は $\ddot{\boldsymbol{x}}(t, x) = \boldsymbol{G}(\boldsymbol{x}(t, x))$ となる．

$$u(\boldsymbol{x}) = -G \int_{\mathbb{R}^3} \frac{1}{\|\boldsymbol{y} - \boldsymbol{x}\|} \, d\mu_0(\boldsymbol{y})$$

と置こう．このとき $\boldsymbol{G} = -\mathrm{grad}\, u$ となるから，重力場は保存場である．ポテンシャル u を，**重力ポテンシャル**という．

例 全質量が M であるような均質な密度をもつ，原点を中心とする半径 r の球体が引き起こす重力場は，

$$\boldsymbol{G}(\boldsymbol{x}) = -GM \frac{\boldsymbol{x}}{\|\boldsymbol{x}\|^3} \qquad (\|\boldsymbol{x}\| > r)$$

により与えられることがわかる．すなわち，原点にある質量 M の質点が引き起こす重力場と一致する．この事実は，ガウスの発散定理から導かれる*(直接計算により示すこともできるが，きわめて冗長になる)．

地上の物体(質量 m の質点)に対しては，今述べたことから大きさ GmM/R^2 の力が下向きに働くことになる．ここで R は地球の中心から物体への距離を表わすが，地表面に近い物体を考えるかぎり，R は地球の半径とし

---

* 本講座「物の理・数の理 2」を参照．

重力質量と慣性質量

物体の質量は，天秤で測ることによりグラム数で表わすのがふつうである．この測定では，物体に働く重力の大きさが質量に比例することを利用している．すなわち，万有引力の法則に依存しているのである．このようにして求められる質量を**重力質量**という．いっぽう，ニュートンの運動法則における質量は，力と加速度の比例関係に現われる比例定数としての役割をもつ．言い換えれば，力を一定にするとき，質量と加速度は逆比例し，これを用いて，加速度の観測から質量を求めることができる．このようにして求めた質量を**慣性質量**という．

じつは，これまで暗黙のうちに重力質量と慣性質量が等価であるとしてきた．実験によりその等価性は確かめられているが，物理的にはまったく自明なことではない．この等価性が，アインシュタインによる一般相対論の背景にあることを注意しておこう*．

---

* 本講座「物の理・数の理 3」参照.

てよい．そこで $g=GM/R^2$ とおいて，g を**重力加速度**とよぶ．mg が物体に作用する力の大きさである．重力加速度が物体の質量に独立であることは，ガリレイにより初めて観察された(伝説上の「ピサの斜塔の実験」)．

例題 5.1 万有引力の法則は慣性系の取り方に依存しない法則(普遍法則)であること，すなわちガリレイ時空の言葉で言い表わされる法則であることを示せ．

【解】 $\boldsymbol{G}$ の定義から，$\boldsymbol{G}(A(\boldsymbol{x}-t\boldsymbol{v})+\boldsymbol{b})=A\boldsymbol{G}(\boldsymbol{x})$ を示すことは容易．これは万有引力が慣性系の取り方によらないことを示す．もっと，直接的には，φ_0 を (V_0, m_0) の位置とし，$p \in A^4$ を φ_0 と同時刻の点(事象)とするとき，ガリレイ時空 A^4 上の L^3 に値を取るベクトル値関数 $\boldsymbol{G}$ を

$$\boldsymbol{G}(p) = G \int_{V_0} \frac{\varphi_0(y)-p}{\|\varphi_0(y)-p\|^3} \, dm_0(y)$$

として定義すると，$d\boldsymbol{F}(x)=\boldsymbol{G}(\varphi(x))dm(x)$ が作用する力となる． □

とくに，質量 $m_1,\cdots,m_N$ を持つ N 個の質点に対して，それらの位置をそれぞれ $\boldsymbol{x}_1,\cdots,\boldsymbol{x}_N$ とするとき，質点たちが重力に

よりたがいに作用し，他には力が働いていない場合は，ニュートンの運動方程式は

$$\ddot{\boldsymbol{x}}_i = G \sum_{j \neq i} m_j \frac{\boldsymbol{x}_j - \boldsymbol{x}_i}{\|\boldsymbol{x}_j - \boldsymbol{x}_i\|^3} \quad (i = 1, \cdots, N)$$

により与えられる．この方程式を解く問題を **N 体問題**という．たとえば太陽と1つの惑星の間の相互運動を表わす方程式は，$N=2$ の場合であり，これを解くことにより，つぎのケプラーの**法則**が導かれる(例題 5.2 参照)．

(i) 惑星は太陽の位置を1つの焦点とする楕円上を運行する．

(ii) (面積速度一定の法則) 太陽と惑星を結ぶ線分は等しい時間に等しい面積を掃く．

(iii) 惑星が太陽をまわる周期の2乗は，太陽とその惑星の平均距離の3乗に比例する(正確には長径の3乗)．

これらの法則は，チコ・ブラーエの火星に関する膨大な観測記録から導出されたものである((i), (ii)は 1609 年, (iii)は 1619 年)．

例題 5.2 重力相互作用のもとでの，2個の質点系の運動を論ぜよ．

【解】 運動方程式は

$$m_1 \ddot{\boldsymbol{x}}_1 = G m_1 m_2 \frac{\boldsymbol{x}_2 - \boldsymbol{x}_1}{\|\boldsymbol{x}_2 - \boldsymbol{x}_1\|^3}, \quad m_2 \ddot{\boldsymbol{x}}_2 = G m_1 m_2 \frac{\boldsymbol{x}_1 - \boldsymbol{x}_2}{\|\boldsymbol{x}_1 - \boldsymbol{x}_2\|^3}$$

である．$m_1 \ddot{\boldsymbol{x}}_1 + m_2 \ddot{\boldsymbol{x}}_2 = \boldsymbol{o}$ であるから，慣性中心は等速直線運動をおこなう．$\boldsymbol{y} = \boldsymbol{x}_2 - \boldsymbol{x}_1$ と置くと

$$\ddot{\boldsymbol{y}} = -G(m_1 + m_2) \frac{\boldsymbol{y}}{\|\boldsymbol{y}\|^3} \tag{5.1}$$

となる．以下，$M = m_1 + m_2$ と置こう．両辺に $\dot{\boldsymbol{y}}$ を内積させれば，$\frac{1}{2} \frac{d}{dt} \|\dot{\boldsymbol{y}}\|^2 = GM \frac{d}{dt} \frac{1}{\|\boldsymbol{y}\|}$ を得るから，$E = \frac{1}{2} \|\dot{\boldsymbol{y}}\|^2 - GM \frac{1}{\|\boldsymbol{y}\|}$ は一定である．いっぽう，(5.1) から，$\frac{d}{dt}(\boldsymbol{y} \times \dot{\boldsymbol{y}}) = \boldsymbol{y} \times \ddot{\boldsymbol{y}} = \boldsymbol{0}$ となるから，$\boldsymbol{y} \times \dot{\boldsymbol{y}}$ は一定のベクトル $\boldsymbol{m}$ に等しい．よって，$\boldsymbol{y}$ は $\boldsymbol{m}$ に垂直な一定平面内 H にある．$\boldsymbol{m}$ が一定であることから，面積速度一定の法則が得られる(例題 1.5 参照)．この平面は $x_1 x_2$ 平面と仮定しても差し支えないので，平面の極座標 $x_1 = r \cos \theta, x_2 = r \sin \theta$ を考

えれば，$E=\dfrac{1}{2}(\dot{r}^2+r^2\dot{\theta}^2)-GM\dfrac{1}{r}$ と表わされる．さらに，$\boldsymbol{y}\times\dot{\boldsymbol{y}}=(0,0,r^2\dot{\theta})$ により $h=r^2\dot{\theta}$ は一定である（$h/2$ が面積速度である）．

$$E=\dfrac{1}{2}\left\{\left(\dfrac{\dot{r}}{\dot{\theta}}\right)^2+r^2\right\}\dot{\theta}^2-GM\dfrac{1}{r}=\dfrac{1}{2}\left\{\left(\dfrac{dr}{d\theta}\right)^2+r^2\right\}\dfrac{h^2}{r^4}-GM\dfrac{1}{r}$$

および，$\dfrac{1}{r^2}\dfrac{dr}{d\theta}=-\dfrac{d}{d\theta}\left(\dfrac{1}{r}\right)$ に注意して

$$\left(\dfrac{d}{d\theta}\left(\dfrac{1}{r}\right)\right)^2 = \dfrac{2E}{h^2}+\dfrac{2GM}{h^2}\dfrac{1}{r}-\dfrac{1}{r^2}$$
$$= \dfrac{2E}{h^2}+\dfrac{G^2M^2}{h^4}-\left(\dfrac{1}{r}-\dfrac{GM}{h^2}\right)^2$$

を得る．$\xi=\dfrac{1}{r}-\dfrac{GM}{h^2},\ p^2=\dfrac{2E}{h^2}+\dfrac{G^2M^2}{h^4}$ と置けば，$\left(\dfrac{d\xi}{d\theta}\right)^2=p^2-\xi^2$ となるから，これを解いて $\xi=p\cos(\theta+\theta_0)$，すなわち

$$r=\dfrac{l}{1+\epsilon\cos(\theta+\theta_0)},\quad \left(l=\dfrac{h^2}{GM},\ \epsilon=\sqrt{1+\dfrac{2Eh^2}{G^2M^2}}\right) \quad (5.2)$$

となる．$E<0,\ E=0,\ E>1$ に対応して $\epsilon<1,\ \epsilon=1,\ \epsilon>1$ であり，これらの値に応じて，曲線(5.2)は原点を焦点とする楕円，放物線，双曲線となる．とくに楕円軌道の場合は，その周期 T は面積速度 $h/2$ で楕円の面積を割ることにより得られる．楕円の長径を $2a$，短形を $2b$ とすれば，面積は πab であるから $T=2\pi ab/h$ を得る．ところで $a=\dfrac{l}{1-\epsilon^2}=-\dfrac{GM}{2E}$，$b=\dfrac{l}{\sqrt{1-\epsilon^2}}=\dfrac{h}{\sqrt{-2E}}$ であるから，$E,\ h$ を消去すれば $T^2=\dfrac{4\pi^2 a^3}{GM}$ となり，法則(iii)が得られる（m_1 を太陽の質量とすれば，$M=m_1+m_2$ は惑星の質量 m_2 によらず，一定と考えてよい）． □

演習問題 5.1 重力相互作用のもとにおける N 個の質点系に対するつぎの保存則を示せ．

(i) $\dfrac{1}{2}\displaystyle\sum_{i=1}^{N}m_i\|\dot{\boldsymbol{x}}_i\|^2-G\sum_{i<j}\dfrac{m_i m_j}{\|\boldsymbol{x}_i-\boldsymbol{x}_j\|}=E$（定数）
  （エネルギー保存則）

(ii) $\displaystyle\sum_{i=1}^{N}m_i\dot{\boldsymbol{x}}_i=\boldsymbol{p}$（定数ベクトル）　　（運動量保存則）

(iii) $\displaystyle\sum_{i=1}^{N}m_i\boldsymbol{x}_i\times\dot{\boldsymbol{x}}_i=\boldsymbol{m}$（定数ベクトル）　　（角運動量保存則）

―― ケプラーが「発見しなかった」法則 ――

太陽 O を固定したときの惑星の運動を考え，その速度ベクトル $\dot{\boldsymbol{y}}$ を $\overrightarrow{OP}$ と表わしたとき，P の作る軌跡はある点を中心とする円をなす．言い替えれば，ある定ベクトル $\boldsymbol{a}$ が存在して，$\|\dot{\boldsymbol{y}}-\boldsymbol{a}\|$ は一定である．

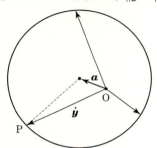

図 5.1　ケプラー運動における第 4 の法則

これを示すには，$\frac{1}{2}\|\dot{\boldsymbol{y}}-\boldsymbol{a}\|^2$ を微分した式 $\dot{\boldsymbol{y}}\cdot\ddot{\boldsymbol{y}}-\boldsymbol{a}\cdot\ddot{\boldsymbol{y}}$ が 0 になるような $\boldsymbol{a}$ が存在することを示せばよい．(5.1)に注意すれば，$\dot{\boldsymbol{y}}\cdot\boldsymbol{y}=\boldsymbol{a}\cdot\boldsymbol{y}$ となる $\boldsymbol{a}$ をみつければよい．例題 5.2 の議論における座標系を使えば，

$$\dot{r} = \frac{l\epsilon\dot{\theta}\sin(\theta+\theta_0)}{(1+\epsilon\cos(\theta+\theta_0))^2}$$

に $\dot{\theta}=hr^{-2}$ を代入して

$$\dot{r} = \epsilon h l^{-1}\sin(\theta+\theta_0) = \epsilon h l^{-1}\sin\theta_0\cos\theta + \epsilon h l^{-1}\cos\theta_0\sin\theta$$

よって，$\boldsymbol{a}=(\epsilon h l^{-1}\sin\theta_0, \epsilon h l^{-1}\cos\theta_0, 0)$ と置けば，$\dot{\boldsymbol{y}}\cdot\boldsymbol{y}=r\dot{r}=\boldsymbol{a}\cdot\boldsymbol{y}$ を得る．

$N\geq 3$ の場合は，N 体問題は既知の関数では解けないことが知られている．太陽系の惑星や月の運動については，2 体問題からの摂動として近似計算により軌道を求めることがおこなわれる．理論的な問題については，ラグランジュ（3 体問題の特殊解），ポアンカレ（不変積分理論），スンドマン（3 体衝突理論）らの研究が有名である[7]．

■5.2 超関数とポアソンの方程式

重力ポテンシャルの定義の中に,関数 $g(\boldsymbol{x})=1/\|\boldsymbol{x}\|$ が登場した.本節ではこの関数の性質について述べ,万有引力の法則が数学的に「美しい」ものであることをみよう.

> **演習問題 5.2** ラプラシアンを極座標(例題 2.3 の解参照)で表わせば,次式が成り立つことを示せ.
> $$\Delta f = \frac{1}{r^2}\frac{\partial}{\partial r}\left(r^2\frac{\partial f}{\partial r}\right)+\frac{1}{r^2\sin\theta}\frac{\partial}{\partial \theta}\left(\sin\theta\frac{\partial f}{\partial \theta}\right)+\frac{1}{r^2\sin^2\theta}\frac{\partial^2 f}{\partial \phi^2}.$$

例題 5.3 ラプラシアンの極座標表示を用いて,f が有界な台($f(\boldsymbol{x})\neq 0$ となる $\boldsymbol{x}$ の全体(の閉包))をもつ滑らかな関数であるとき

$$\int_{\mathbf{R}^3}\frac{1}{\|\boldsymbol{y}\|}\Delta f\,\mathrm{d}\boldsymbol{y}=-4\pi f(\mathbf{0}) \tag{5.3}$$

が成り立つことを示せ.この式から

$$\int_{\mathbf{R}^3}\frac{1}{\|\boldsymbol{x}-\boldsymbol{y}\|}\Delta f\,\mathrm{d}\boldsymbol{y}=-4\pi f(\boldsymbol{x}) \tag{5.4}$$

がただちに導かれる.言いかえれば,**グリーン作用素** G を

$$(Gf)(\boldsymbol{x})=-\frac{1}{4\pi}\int_{\mathbb{R}^n}\frac{1}{\|\boldsymbol{x}-\boldsymbol{y}\|}f(\boldsymbol{y})\,\mathrm{d}\boldsymbol{y}$$

により定義すると,$G\Delta f=f$ が成り立つ.

【解】 $\mathrm{d}\boldsymbol{x}=r^2\sin\theta\mathrm{d}r\mathrm{d}\theta\mathrm{d}\phi$ に注意.部分積分により

$$\int_0^\infty \frac{1}{r}\frac{1}{r^2}\frac{\partial}{\partial r}\left(r^2\frac{\partial f}{\partial r}\right)r^2\mathrm{d}r = r\frac{\partial f}{\partial r}\Big|_0^\infty + \int_0^\infty \frac{\partial f}{\partial r}\,\mathrm{d}r$$
$$= f(r)\Big|_0^\infty = -f(\mathbf{0})$$

$$\implies \int_0^\infty \mathrm{d}r\int_0^\pi \mathrm{d}\theta\int_0^{2\pi}\mathrm{d}\phi\frac{1}{r}\frac{1}{r^2}\frac{\partial}{\partial r}\left(r^2\frac{\partial f}{\partial r}\right)r^2\sin\theta = -4\pi f(\mathbf{0})$$

を得る.いっぽう,

5 重力場,電場,磁場

ケプラーの法則から万有引力の法則へ

ニュートンが万有引力の法則を発見したのは 1666 年である.ニュートン自身によれば,「1666 年に重力の問題を月の軌道に拡張して,円軌道を運行する物体がケプラーの第 3 法則によってどのような力を受けなくてはならないかを研究し始めた.その結果,惑星がその軌道上を運行できるためには中心からの距離の 2 乗に逆比例する力を受けなければならないとの結論に達した」.その概要はつぎのようなものである.

地球の中心を O,月の位置を P として,P の速度を v,加速度を a とすれば,加速度の方向は円の中心に向かい,大きさは $a=\dfrac{v^2}{R}$ である.ここで R は O と P の距離(半径)を表わす.月の公転周期を T とすれば,$vT=2\pi R$ であるから,

$$a = \left(\frac{2\pi R}{T}\right)^2 \frac{1}{R} = 4\pi^2 \frac{R}{T^2}$$

他の物体が地球を中心として半径 R_1 の円周上を運行しているとして,その周期を T_1,加速度を a_1 とすると,今と同様に $a_1 = 4\pi^2 R_1 T_1^{-2}$ となる.よって $aa_1^{-1}=(RR_1^{-1})\cdot(T_1^2 T^{-2})$.他方,ケプラーの第 3 法則によれば $T_1^2 T^{-2} = R_1^3 R^{-3}$ であるから,$a:a_1 = R^{-2}:R_1^{-2}$ となる.ニュートンの運

$$\int_0^\pi \frac{\partial}{\partial \theta}\left(\sin\theta \frac{\partial f}{\partial \theta}\right) d\theta = 0, \quad \int_0^{2\pi} \frac{\partial^2 f}{\partial \phi^2} d\phi = 0$$

であるから,

$$\int_0^\infty dr \int_0^\pi d\theta \int_0^{2\pi} d\phi \frac{1}{r^2 \sin\theta} \frac{\partial}{\partial \theta}\left(\sin\theta \frac{\partial f}{\partial \theta}\right) r^2 \sin\theta = 0,$$

$$\int_0^\infty dr \int_0^\pi d\theta \int_0^{2\pi} d\phi \frac{1}{r^2 \sin^2\theta} \frac{\partial^2 f}{\partial \phi^2} r^2 \sin\theta = 0.$$

これから主張がただちに従う. □

(5.3)に**超関数**による解釈を与えよう.一般に,$\mathbb{R}^n$ の開集合 U 内に有界(コンパクト)な台をもつ滑らかな関数全体のなす線形空間を $\mathcal{D}(U)$ により表わすとき,$\mathcal{D}(U)$ 上の連続な線形汎関

5.2 超関数とポアソンの方程式

動法則によれば,力の大きさは質量が一定の場合は加速度に比例するので,地球の物体に働く力は距離の 2 乗に逆比例することが結論される.

逆に,ニュートンはケプラーの法則を万有引力の法則と運動法則から導くことにも成功した(例題 5.2).このことは,両法則の正当性を意味しているが,かれは当時グリニッジ王立天文台所長のフラムスチードにより観測されていた月の運動を理論的に説明することにより,重力理論のさらなる確認をおこなおうとした.その背景には,月の運動を基に,航海中の船が位置する経度を正確に求めるという実用的理由と,ニュートンによる著書『プリンピキア』(自然哲学の数学的諸原理[8])の新しい版の「目玉」にしようという魂胆があった(初版は 1687 年).しかし,月は地球と太陽からの引力を受け,そのためきわめて複雑な運行をおこなう.この 3 体問題に対して,結局ニュートンは完全な理論に到達することができなかったのである(その言い訳に,フラムスチードが完全な観測データをかれに手渡すことを渋ったことを挙げているが,これは完全な言いがかりである.このことだけでなく,ニュートンの偏執的な性格が,かれの時代とその後の英国の科学の発展を阻害したことは歴史的事実である).

数を U 上の超関数という.正確な定義を与えよう.高階の微分作用素 D^α を

$$D^\alpha = \frac{\partial^{\alpha_1}}{\partial x_1^{\alpha_1}} \cdots \frac{\partial^{\alpha_n}}{\partial x_n^{\alpha_n}} = \frac{\partial^{|\alpha|}}{\partial x_1^{\alpha_1} \cdots \partial x_n^{\alpha_n}}$$

$$(|\alpha| = \alpha_1 + \cdots + \alpha_n)$$

により定義する.$\mathcal{D}(U)$ における関数列 $\{f_k\}_{k=1}^\infty$ および $f \in \mathcal{D}(U)$ に対して,

(i) k に無関係に f_k の台がある固定された有界集合に含まれる,
(ii) すべての α について,$D^\alpha f_k(\boldsymbol{x})$ が $D^\alpha f(\boldsymbol{x})$ に各点 $\boldsymbol{x}$ で収束するとき,

$\{f_k\}_{k=1}^\infty$ は f に収束するといい,$f_k \to f$ と表わす.線形汎

関数 $T: \mathcal{D}(U) \longrightarrow \mathbb{C}$ が超関数とは，$f_k \to f$ であるとき，$T(f_k) \to T(f)$ となることである．

U 上の超関数の全体を $\mathcal{D}'(U)$ により表わす．U で定義された局所的に可積分な関数 h について，

$$T_h(f) = \int_U h(\boldsymbol{x}) g(\boldsymbol{x}) \, \mathrm{d}\boldsymbol{x}$$

と置くことにより超関数 $T_h \in \mathcal{D}'(U)$ が得られる．対応 $h \mapsto T_h$ は単射であるから，h と T_h を同一視することにより，局所的可積分関数のなす空間 $L^1_{\mathrm{loc}}(U)$ は $\mathcal{D}'(U)$ の部分空間と思うことができる．一般の超関数 T に対しても，それを形式的に「関数」$T(\boldsymbol{x})$ と考えることにより

$$T(f) = \int_U T(\boldsymbol{x}) f(\boldsymbol{x}) \, \mathrm{d}\boldsymbol{x}$$

と表わす．自由に動かす関数 $f \in \mathcal{D}(\mathbb{R}^n)$ を**試料関数**という．このような表現では，超関数は必ず試料関数との組となって現われ，記号 $T(\boldsymbol{x})$ は単独では意味がないことに注意しよう．

$\mathbb{R}^n$ 上の測度 μ に対して，もし $\mathbb{R}^n$ の任意の有界閉集合 K に対して $\mu(K) < \infty$ であれば

$$T(f) = \int_{\mathbb{R}^n} f(\boldsymbol{x}) \, \mathrm{d}\mu(\boldsymbol{x})$$

として定義される線形汎関数 T も超関数である．この T を μ に対する**密度超関数**という．**デルタ関数**は，デルタ測度 $\delta_{\boldsymbol{x}}$ に対する密度超関数であり，同じ記号を用いて $\delta_{\boldsymbol{x}}$ と表わされる．こうして，一般の質点系に対する**質量密度関数**を超関数として定義することができる．

超関数 $T \in \mathcal{D}'(U)$ の微分 $\dfrac{\partial}{\partial x_i} T$ は，部分積分の公式を念頭において

$$\int_U \Big(\frac{\partial}{\partial x_i}T\Big)(\boldsymbol{x})f(\boldsymbol{x})\,\mathrm{d}\boldsymbol{x} = -\int_U T(\boldsymbol{x})\frac{\partial f}{\partial x_i}(\boldsymbol{x})\,\mathrm{d}\boldsymbol{x}$$

として定義する．同様に高階の微分作用素に対しても，

$$\int_U (D^\alpha T)(\boldsymbol{x})f(\boldsymbol{x})\,\mathrm{d}\boldsymbol{x} = (-1)^{|\alpha|}\int_U T(\boldsymbol{x})(D^\alpha f)(\boldsymbol{x})\,\mathrm{d}\boldsymbol{x}$$

として $D^\alpha T$ を定義する．T が滑らかな関数であるときは，超関数としての微分は通常の微分と一致する．こうして超関数は，超関数の範囲では何回でも「微分可能」である（よって，局所可積分関数は，通常の意味では一般に微分不可能であるが，超関数の意味では微分可能である）．

超関数 $T\in\mathcal{D}'(U)$ の台 $\mathrm{supp}\,T$ を定義しよう．このため，$\mathrm{supp}\,T$ の補集合 $(\mathrm{supp}\,T)^c$ をつぎのように定義する．$\boldsymbol{x}\in(\mathrm{supp}\,T)^c$ であることを，$\boldsymbol{x}$ の近傍 $V\subset U$ が存在して，台が V に含まれるような任意の $f\in\mathcal{D}(U)$ について，$T(f)=0$ となることとするのである．この定義から，$(\mathrm{supp}\,T)^c$ は開集合であり，$\mathrm{supp}\,T$ は閉集合である．また，T が滑らかな関数のときは，$\mathrm{supp}\,T$ は通常の台と一致する．台が有界閉集合となるような超関数全体のなす線形空間を，$\mathcal{D}'_0(U)$ により表わそう．

例題 5.4 $H(x)=\begin{cases}0 & (x\leq a)\\ 1 & (x>a)\end{cases}$ と置いて関数 H を定義するとき，$\mathbb{R}$ 上の 1 変数超関数として $\dfrac{\mathrm{d}}{\mathrm{d}x}H=\delta_a$ となることを示せ（H をヘビサイドの関数という）．

【解】
$$\int_{-\infty}^{\infty}\frac{\mathrm{d}}{\mathrm{d}x}H(x)\,f(x)\,\mathrm{d}x = -\int_{-\infty}^{\infty}H(x)\frac{\mathrm{d}}{\mathrm{d}x}f(x)\,\mathrm{d}x = \int_a^{\infty}\frac{\mathrm{d}}{\mathrm{d}x}f(x)\,\mathrm{d}x$$
$$= -(f(\infty)-f(a)) = f(a). \qquad \square$$

超関数 $T\in\mathcal{D}'(U)$ を考える．U の開部分集合 V と V 上の滑ら

かな関数 h が存在して，V に台が含まれる任意の試料関数 f に対して

$$\int_U T(\boldsymbol{x})f(\boldsymbol{x})\,\mathrm{d}\boldsymbol{x} = \int_U h(\boldsymbol{x})f(\boldsymbol{x})\,\mathrm{d}\boldsymbol{x}$$

が成り立つとき，T は V で滑らかであるという．$T \in \mathcal{D}'(U)$ がその上で滑らかであるような最大の開部分集合 $V \subset U$ が存在する．補集合 $U \setminus V$ を T の**特異台**といい，sing.supp T と表わす．

本書の随所で必要となる調和関数に関する事柄を，課題として述べておこう．

課題 5.1 （文献[6]参照）
(1) 超関数 $S, T \in \mathcal{D}'(U)$ について，$\Delta T = S$ が成り立つとき，S が U の開部分集合 V において滑らかであれば，T も V 上滑らかであることを示せ．とくに $\Delta T = 0$ ならば，T は滑らかな関数(**調和関数**)である．
(2) U 上の任意の滑らかな関数 g に対して，$\Delta f = g$ を満たす滑らかな関数 f が存在することを示せ．
(3) 有界な調和関数は定数関数に一致することを示せ(**リュービュの定理**)．
(4) D を $\mathbb{R}^n$ の有界閉領域で滑らかな境界 ∂D をもつとする．D 上の任意の滑らかな関数 g が与えられたとき，D 上の調和関数 f で，$f|\partial D = g$ となるものがただ1つ存在することを示せ(**ディリクレ問題の解の存在**)*．

例題 5.5 上の課題の(2)を用いてつぎのことを示せ．$\mathbb{R}^3$ 上の任意の滑らかなベクトル場 X に対して，

$$X = \mathrm{grad}\,f + \mathrm{rot}\,Y$$

---

* 一般に写像 $f: X \to Y$ と，X の部分集合 A に対して，$f|A$ は f を A に制限して得られる写像を表わす．

を満たす滑らかな関数 f とベクトル場 Y が存在する(ヘルムホルツの定理).

【解】 まず,条件を満たす f, Y が存在したとすると,div $X = \Delta f$ が成り立つ(演習問題 4.2).逆に,上の課題の (2) を使えば,与えられた X に対してこの方程式を満たす f が存在する.この f を用いて,$Z = X - \operatorname{grad} f$ とおくと,div $Z = 0$ であるから,演習問題 4.2(1) により,$Z = \operatorname{rot} Y$ を満たす滑らかなベクトル場 Y が存在する. □

例題 5.6 上の課題の (4) における D を考える.D 上の任意の滑らかな関数 h に対して,$\Delta f = h$, $f|\partial D = 0$ となる D 上の滑らかな関数 f が存在することを示せ.

【解】 課題の (2) を用いれば,$\Delta f_1 = h$ を満たす D 上滑らかな関数 f_1 が存在する.(4) を用いれば,$\Delta f_0 = 0$, $f_0|\partial D = f_1|\partial D$ となる関数 f_0 が存在するから,$f = f_1 - f_0$ が求める関数である. □

例題 5.7 $r = \|\boldsymbol{x}\|$ と置くとき,超関数として次式が成り立つことを示せ.

$$\Delta\left(\frac{1}{r}\right) = -4\pi\delta_{\boldsymbol{0}}. \tag{5.5}$$

【解】 局所可積分関数 $g(\boldsymbol{x}) = -(4\pi)^{-1}\|\boldsymbol{x}\|$ を $\mathbb{R}^3$ 上の超関数と考えれば,$f \in \mathcal{D}(\mathbb{R}^3)$ に対して

$$\int_{\mathbb{R}^3}(\Delta g)f\,\mathrm{d}\boldsymbol{x} = \int_{\mathbb{R}^3}g(\Delta f)\,\mathrm{d}\boldsymbol{x} = f(\boldsymbol{0}) = \int_{\mathbb{R}^3}\delta_{\boldsymbol{0}}(\boldsymbol{x})f(\boldsymbol{x})\,\mathrm{d}\boldsymbol{x}. \qquad \square$$

以下,$\mathbb{R}^n$ 上の超関数を考えよう.滑らかな関数 h と超関数 T の積が,

$$\int_{\mathbb{R}^n}(hT)(\boldsymbol{x})f(\boldsymbol{x})\,\mathrm{d}\boldsymbol{x} = \int_{\mathbb{R}^n}T(\boldsymbol{x})\bigl(h(\boldsymbol{x})f(\boldsymbol{x})\bigr)\,\mathrm{d}\boldsymbol{x}$$

と置くことにより定義されるが,一般に,2 つの超関数の積を定義することはできない.しかし,$T(\boldsymbol{x})$ と $S(\boldsymbol{y})$ の「変数」$\boldsymbol{x} \in \mathbb{R}^n$, $\boldsymbol{y} \in \mathbb{R}^m$ が別々の空間を動くときには,$T(\boldsymbol{x})S(\boldsymbol{y})$ が $\mathbb{R}^{n+m} = \mathbb{R}^n \times \mathbb{R}^m$ 上の超関数として,つぎの式が満たされるように定義される:$f \in \mathcal{D}(\mathbb{R}^n)$, $g \in \mathcal{D}(\mathbb{R}^m)$ に対して

$$\int_{\mathbb{R}^{n+m}} T(\boldsymbol{x})S(\boldsymbol{y})f(\boldsymbol{x})g(\boldsymbol{y})\,\mathrm{d}\boldsymbol{x}\mathrm{d}\boldsymbol{y}$$
$$= \int_{\mathbb{R}^n} T(\boldsymbol{x})\,\mathrm{d}\boldsymbol{x} \int_{\mathbb{R}^m} S(\boldsymbol{y})g(\boldsymbol{y})\,\mathrm{d}\boldsymbol{y}.$$

(5.4)をみると，$\int_{\mathbb{R}^n} f(\boldsymbol{x}-\boldsymbol{y})g(\boldsymbol{y})\mathrm{d}\boldsymbol{y}$ の形の積分である．これを f, g の**合成積**(畳み込み)といい，$(f*g)(\boldsymbol{x})$ と表わす．超関数 $S\in\mathcal{D}'(\mathbb{R}^n)$, $T\in\mathcal{D}'_0(\mathbb{R}^n)$ に対して，$S*T\in\mathcal{D}'(\mathbb{R}^n)$ を定義しよう．このため，$h\in\mathcal{D}(\mathbb{R}^n)$ に対して

$$\int_{\mathbb{R}^n}(f*g)(\boldsymbol{x})h(\boldsymbol{x})\,\mathrm{d}\boldsymbol{x} = \int_{\mathbb{R}^n}\int_{\mathbb{R}^n} f(\boldsymbol{x}-\boldsymbol{y})g(\boldsymbol{y})h(\boldsymbol{x})\,\mathrm{d}\boldsymbol{x}\mathrm{d}\boldsymbol{y}$$
$$= \int_{\mathbb{R}^n}\int_{\mathbb{R}^n} f(\boldsymbol{x})g(\boldsymbol{y})h(\boldsymbol{x}+\boldsymbol{y})\,\mathrm{d}\boldsymbol{x}\mathrm{d}\boldsymbol{y}$$
$$= \int_{\mathbb{R}^n}\int_{\mathbb{R}^n} f(\boldsymbol{x})g(\boldsymbol{y})\eta(\boldsymbol{y})h(\boldsymbol{x}+\boldsymbol{y})\,\mathrm{d}\boldsymbol{x}\mathrm{d}\boldsymbol{y}$$

が成り立つことに注意．ここで，$\eta\in\mathcal{D}(\mathbb{R}^n)$ は g の台の近傍で1に等しい関数である．$\eta(\boldsymbol{y})h(\boldsymbol{x}+\boldsymbol{y})$ は $\mathcal{D}(\mathbb{R}^n\times\mathbb{R}^n)$ に属するから，$T\in\mathcal{D}'_0(\mathbb{R}^n)$, $S\in\mathcal{D}'(\mathbb{R}^n)$ に対しては，$\eta\in\mathcal{D}(\mathbb{R}^n)$ は T の台の近傍で1に等しい関数として，

$$\int_{\mathbb{R}^n}(S*T)(\boldsymbol{x})h(\boldsymbol{x})\,\mathrm{d}\boldsymbol{x} = \int_{\mathbb{R}^n}\int_{\mathbb{R}^n} S(\boldsymbol{x})T(\boldsymbol{y})\eta(\boldsymbol{y})h(\boldsymbol{x}+\boldsymbol{y})\,\mathrm{d}\boldsymbol{x}\mathrm{d}\boldsymbol{y}$$

と定義するのが自然である．同様に，$T*S$ も定義され，$S*T=T*S$ および $D^\alpha(S*T)=(D^\alpha S)*T=S*(D^\alpha T)$ となることが確かめられる．

重力ポテンシャルの定義を思い出そう．質量分布 μ_0 に対して

$$u(\boldsymbol{x}) = -G\int_{\mathbb{R}^3} \frac{1}{\|\boldsymbol{y}-\boldsymbol{x}\|}\,\mathrm{d}\mu_0(\boldsymbol{y})$$

が重力ポテンシャルであった．μ_0 に対する密度超関数 ρ_0 が有界な台をもつとしよう．このとき，超関数の合成積を使えば，右

辺は $-\dfrac{G}{r}*\rho_0$ と表わされる.よって,重力ポテンシャルは超関数として $\mathbb{R}^3$ 全体で定義される.

例題 5.8 重力ポテンシャル u は,ポアソンの方程式 $\Delta u=4\pi G\rho_0$ を(超関数の意味で)満たすことを確かめよ.このことから,重力場 $\boldsymbol{G}$ は,div $\boldsymbol{G}=-4\pi G\rho_0$ を満たすことがわかる.

【解】 試料関数 f に対して

$$\int_{\mathbb{R}^3}(\Delta u)f\,\mathrm{d}\boldsymbol{x}=\int_{\mathbb{R}^3}u(\Delta f)\,\mathrm{d}\boldsymbol{x}=-G\int_{\mathbb{R}^3}\int_{\mathbb{R}^3}\frac{1}{\|\boldsymbol{y}-\boldsymbol{x}\|}(\Delta f)\rho_0(\boldsymbol{y})\,\mathrm{d}\boldsymbol{y}\mathrm{d}\boldsymbol{x}$$

$$=-G\int_{\mathbb{R}^3}\Big(\int_{\mathbb{R}^3}\frac{1}{\|\boldsymbol{y}-\boldsymbol{x}\|}(\Delta f)\,\mathrm{d}\boldsymbol{x}\Big)\rho_0(\boldsymbol{y})\,\mathrm{d}\boldsymbol{y}=4\pi G\int_{\mathbb{R}^3}f(\boldsymbol{y})\rho_0(\boldsymbol{y})\,\mathrm{d}\boldsymbol{y}$$

が成り立つから $\Delta u=4\pi G\rho_0$ である. □

例題 5.9 有界な台をもつ密度超関数 ρ_0 に対する重力ポテンシャル u は無限遠で 0 であることを示せ.また,$\Delta f=4\pi G\rho_0$ の解 f が無限遠で 0 になるならば,f は重力ポテンシャルに一致することを示せ.

【解】 ρ_0 の台が,原点を中心とする半径 R の球体に含まれるとすると,$\boldsymbol{y}\in\mathrm{supp}\,\rho_0$ に対して,$\|\boldsymbol{x}-\boldsymbol{y}\|\geq\|\boldsymbol{x}\|-R$ であるから,$|u(\boldsymbol{x})|\leq Gm(V)(\|\boldsymbol{x}\|-R)^{-1}$ を得る.2番目の主張を示すには,$f-u$ が調和であり,しかも有界であることから,上に述べたリュービユの定理を適用すればよい. □

力学では,通常の超関数の他に,**ベクトル値超関数**を考える必要がある.それは,計量線形空間 L に値を取る滑らかで,U 内に有界な台をもつベクトル値関数の全体 $\mathcal{D}(U,L)$ 上の(連続)線形汎関数 T として定義される.**超ベクトル場**ともいう.この場合は,試料関数 $X\in\mathcal{D}(U,L)$ に対して

$$T(X)=\int_U T(\boldsymbol{x})\cdot X(\boldsymbol{x})\,\mathrm{d}\boldsymbol{x}$$

と表わす.T が通常のベクトル値関数のときは,$T(\boldsymbol{x})\cdot X(\boldsymbol{x})$ は $T(\boldsymbol{x})\in L$ と $X(\boldsymbol{x})\in L$ の内積にほかならない.

$\mathbb{R}^3$ 上の超ベクトル場 $T(\boldsymbol{x})$ に対して,その発散 div T と回転

5 重力場,電場,磁場

── 重力とポアソンの方程式 ──

例題 5.8 でみたように,万有引力の法則からポアソンの方程式が導かれた.この節の冒頭で,数学的に「美しい」と述べたのはまさにこのことである.もし 2 つの質点の間に作用する重力の大きさが,距離 r の別のベキ乗 $r^{-\alpha}$ ($\alpha \neq 2$) に比例しているとすると,質量密度と重力ポテンシャルの間のこのような簡明な関係式は得られない.さらに,一般相対論における重力場の理論でも,ポアソンの方程式を議論の出発点にしており,この意味でもポアソンの方程式の「美しさ」は際立つのである*.

ところで,どういう理由かはわからないが,われわれは 3 次元空間に住んでいる.その理由を考えるのも興味深い問題だが,それはそれとして,もし,われわれの住む空間が 3 と異なる次元であるとき,万有引力の法則はどのような形になるのだろうか.

一般に,n 次元数空間 $\mathbb{R}^n$ において,

$$g_n(\boldsymbol{x}) = \begin{cases} -\dfrac{\Gamma(n/2)}{2(n-2)\pi^{n/2}} \dfrac{1}{r^{n-2}} & (n \geq 3) \\ \dfrac{1}{2\pi} \log r & (n=2) \end{cases}$$

と置くと($r = \|\boldsymbol{x}\|$),$\Delta g_n = \delta_0$ となる.もし重力理論の基礎をポアソン方程式に置けば,原点に置かれた 1 質点が生成する重力ポテンシャルは g_n に比例していると考えられる.よって,重力場は $\boldsymbol{x}/\|\boldsymbol{x}\|^n$ に比例している.

---

* 本講座「物の理・数の理 3」参照.

$\operatorname{rot} T$ が,例題 4.2 と 4.1 を参考にして

$$\int_{\mathbb{R}^3} (\operatorname{div} T)(\boldsymbol{x}) f(\boldsymbol{x}) \, \mathrm{d}\boldsymbol{x} = -\int_{\mathbb{R}^3} T(\boldsymbol{x}) \cdot (\operatorname{grad} f)(\boldsymbol{x}) \, \mathrm{d}\boldsymbol{x}$$

$$(f \in \mathcal{D}(\mathbb{R}^3))$$

$$\int_{\mathbb{R}^3} (\operatorname{rot} T)(\boldsymbol{x}) \cdot X(\boldsymbol{x}) \, \mathrm{d}\boldsymbol{x} = \int_{\mathbb{R}^3} T(\boldsymbol{x}) \cdot (\operatorname{rot} X)(\boldsymbol{x}) \, \mathrm{d}\boldsymbol{x}$$

$$(X \in \mathcal{D}(\mathbb{R}^3, \mathbb{R}^3))$$

により定義される.

5.2 超関数とポアソンの方程式

演習問題 5.3
(1) $X(\boldsymbol{x})=\dfrac{\boldsymbol{x}}{\|\boldsymbol{x}\|^3}$ と置くとき,ベクトル値超関数として rot $X=0$ となることを示せ.
(2) ベクトル $\boldsymbol{a}$ について,ベクトル値超関数として rot $\dfrac{\boldsymbol{a}}{\|\boldsymbol{x}\|}=\dfrac{\boldsymbol{a}\times\boldsymbol{x}}{\|\boldsymbol{x}\|^3}$ を示せ.
(3) 演習問題 4.2(1),(2)は,ベクトル値超関数に対しても成り立つことを示せ.

最後に,純粋数学ばかりでなく数理物理で重要な役割を担う超関数のフーリエ変換について簡単に触れておこう.$\mathbb{R}^n$ 上の可積分関数 f に対して,f のフーリエ変換 $\hat{f}$($\mathcal{F}f$ とも表わす)は

$$\hat{f}(\xi) = (2\pi)^{-n/2}\int_{\mathbb{R}^n} f(\boldsymbol{x})\exp\left(-\sqrt{-1}\langle \boldsymbol{x},\xi\rangle\right)\mathrm{d}\boldsymbol{x}$$

により定義される($\langle \boldsymbol{x},\xi\rangle = x_1\xi_1+\cdots+x_n\xi_n$).このフーリエ変換を f が超関数の場合に拡張したいのだが,すべての超関数のフーリエ変換が定義できるわけではない.フーリエ変換が定義される適切な超関数の空間は,つぎのようにして定義される $\mathcal{S}'(\mathbb{R}^n)$ である.まず,試料関数の空間として

$$\mathcal{S}(\mathbb{R}^n) = \{f\in C^\infty(\mathbb{R}^n);\ \|\boldsymbol{x}\|^k|D^\alpha f(\boldsymbol{x})|\ \text{が}$$
$$\text{すべての}\ k\geq 0,\ \alpha\ \text{に対して有界}\}$$

と置く.すなわち,$\mathcal{S}(\mathbb{R}^n)$ は,$\mathbb{R}^n$ 上の滑らかな**急減少関数**全体のなす線形空間である.つぎの性質は容易に証明できる.
(1) $f\in\mathcal{S}(\mathbb{R}^n)\implies \mathcal{F}(f)\in\mathcal{S}(\mathbb{R}^n)$
(2) $f\in\mathcal{S}(\mathbb{R}^n)\implies \mathcal{F}(D^\alpha f)(\xi) = (\sqrt{-1})^{|\alpha|}\xi^\alpha\hat{f}(\xi)$,
$\qquad D^\alpha\hat{f} = \mathcal{F}((\sqrt{-1}\boldsymbol{x})^\alpha f(\boldsymbol{x}))$.
ここで,$\xi^\alpha=\xi_1^{\alpha_1}\cdots\xi_n^{\alpha_n}$,$\boldsymbol{x}^\alpha=x_1^{\alpha_1}\cdots x_n^{\alpha_n}$ である.

つぎの例題は，フーリエ変換の理論や確率論において重要な役割を果たす．

例題 5.10 $e^{-x^2/2}$ は $\mathbb{R}$ 上の急減少関数であり，
$$(2\pi)^{-1/2}\int_{\mathbb{R}} e^{-x^2/2} e^{-\sqrt{-1}x\xi}\,dx = e^{-\xi^2/2} \tag{5.6}$$
が成り立つことを示せ．このことから，**ガウス関数** $g(\boldsymbol{x})=\exp(-\|\boldsymbol{x}\|^2/2)$ は $\hat{g}=g$ を満たすことがわかる．

【解】 $e^{x^2/2}$ が急減少関数であることは明らか．(5.6)の特別な場合 ($\xi=0$) である
$$(2\pi)^{-1/2}\int_{\mathbb{R}} e^{-x^2/2}\,dx = 1 \tag{5.7}$$
はよく知られた等式である（$\int_{\mathbb{R}} e^{-x^2/2}\,dx$ を 2 乗して 2 重積分にし，それを極座標で表わせば簡単に示すことができる）．一般の場合は
$$(2\pi)^{-1/2}\int_{\mathbb{R}} e^{-(x+\sqrt{-1}\xi/2)^2}\,dx = 1$$
を示せばよいが，このため正則関数 $e^{-z^2/2}$ にコーシーの積分定理を適用し，(5.7)に帰着させる． □

例題 5.11

(1) (反転公式) $f\in\mathcal{S}(\mathbb{R}^n)$ に対して，
$$f(\boldsymbol{x}) = (2\pi)^{-n/2}\int_{\mathbb{R}^n} \hat{f}(\xi)\exp(\sqrt{-1}\langle\boldsymbol{x},\xi\rangle)\,d\xi \tag{5.8}$$
であることを示せ．換言すれば，$\mathcal{F}(\mathcal{F}f)(x)=f(-x)$ である．

(2) $f,g\in\mathcal{S}(\mathbb{R}^n)$ に対して次式が成り立つことを示せ．
$$\int_{\mathbb{R}^n} \hat{f}(\xi)g(\xi)\,d\xi = \int_{\mathbb{R}^n} f(\xi)\hat{g}(\xi)\,d\xi \tag{5.9}$$

(3) (パーセヴァルの定理) $f,g\in\mathcal{S}(\mathbb{R}^n)$ に対して，$L^2(\mathbb{R}^n)$ の内積に関して $\langle f,g\rangle=\langle\hat{f},\hat{g}\rangle$ が成り立つことを示せ．この定理により，フーリエ変換は，ユニタリ同型写像 $\mathcal{F}:L^2(\mathbb{R}^n)\longrightarrow L^2(\mathbb{R}^n)$ に拡張されることがわかる．

【解】

(1) $\varphi, f\in\mathcal{S}(\mathbb{R}^n)$ に対して

$$\int_{\mathbb{R}^n}\varphi(\xi)\hat{f}(\xi)\mathrm{e}^{\sqrt{-1}\langle x,\xi\rangle}\,\mathrm{d}\xi$$
$$= (2\pi)^{-n/2}\int_{\mathbb{R}^n}\varphi(\xi)\mathrm{e}^{\sqrt{-1}\langle x,\xi\rangle}\times\left\{\int_{\mathbb{R}^n}f(\boldsymbol{y})\mathrm{e}^{-\sqrt{-1}\langle y,\xi\rangle}\,\mathrm{d}\boldsymbol{y}\right\}\mathrm{d}\xi$$
$$= (2\pi)^{-n/2}\int_{\mathbb{R}^n}f(\boldsymbol{y})\mathrm{d}\boldsymbol{y}\int_{\mathbb{R}^n}\varphi(\xi)\mathrm{e}^{-\sqrt{-1}\langle y-x,\xi\rangle}\,\mathrm{d}\xi$$
$$= (2\pi)^{-n/2}\int_{\mathbb{R}^n}f(\boldsymbol{x}+\boldsymbol{t})\mathrm{d}\boldsymbol{t}\int_{\mathbb{R}^n}\varphi(\xi)\mathrm{e}^{-\sqrt{-1}\langle t,\xi\rangle}\,\mathrm{d}\xi$$
$$= \int_{\mathbb{R}^n}f(\boldsymbol{x}+\boldsymbol{t})\hat{\varphi}(\boldsymbol{t})\,\mathrm{d}\boldsymbol{t} \tag{5.10}$$

が成り立つ．$g\in\mathcal{S}(\mathbb{R}^n)$ により，$\varphi(\xi)=g(\epsilon\xi)$ ($\epsilon>0$) と置けば，$\hat{\varphi}(\boldsymbol{t})=\epsilon^{-n}\hat{g}(\boldsymbol{t}/\epsilon)$ であるから，

$$\int_{\mathbb{R}^n}g(\epsilon\xi)\hat{f}(\xi)\mathrm{e}^{\sqrt{-1}\langle x,\xi\rangle}\,\mathrm{d}\xi = \int_{\mathbb{R}^n}f(\boldsymbol{x}+\epsilon\boldsymbol{t})\hat{g}(\boldsymbol{t})\,\mathrm{d}\boldsymbol{t}$$

が得られ，$\epsilon\to 0$ とすれば

$$g(\boldsymbol{0})\int_{\mathbb{R}^n}\hat{f}(\xi)\mathrm{e}^{\sqrt{-1}\langle x,\xi\rangle}\,\mathrm{d}\xi = f(\boldsymbol{x})\int_{\mathbb{R}^n}\hat{g}(\boldsymbol{t})\,\mathrm{d}\boldsymbol{t}$$

が成り立つことがわかる．この式で，$g(\xi)=(2\pi)^{-n/2}\mathrm{e}^{-\|\xi\|^2/2}$ と置けば，例題 5.10 の結果から反転公式を得る．

(2) (5.10)において，$\boldsymbol{x}=\boldsymbol{0}$ とすれば(5.9)を得る．

(3) $\varphi(\boldsymbol{x})=\overline{\hat{g}(\boldsymbol{x})}$ とすれば，$\overline{g(\boldsymbol{x})}=\hat{\varphi}(\boldsymbol{x})$ であるから

$$\langle f,g\rangle = \int_{\mathbb{R}^n}f(\boldsymbol{x})\overline{g(\boldsymbol{x})}\,\mathrm{d}\boldsymbol{x} = \int_{\mathbb{R}^n}f(\boldsymbol{x})\hat{\varphi}(\boldsymbol{x})\,\mathrm{d}\boldsymbol{x} = \int_{\mathbb{R}^n}\hat{f}(\boldsymbol{x})\varphi(\boldsymbol{x})\,\mathrm{d}\boldsymbol{x}$$
$$= \int_{\mathbb{R}^n}\hat{f}(\boldsymbol{x})\overline{\hat{g}(\boldsymbol{x})}\,\mathrm{d}\boldsymbol{x} = \langle\hat{f},\hat{g}\rangle. \qquad\square$$

例題 5.12

(1) $\mathcal{O}(\mathbb{R}^n)$ により，任意の階数の偏導関数が多項式増大度をもつような滑らかな関数全体のなす線形空間とする．$f\in\mathcal{O}(\mathbb{R}^n)$, $g\in\mathcal{S}(\mathbb{R}^n)$ に対して，$fg\in\mathcal{S}(\mathbb{R}^n)$ であることを示せ．

(2) $f,g\in\mathcal{S}(\mathbb{R}^n)$ であるとき，$f*g\in\mathcal{S}(\mathbb{R}^n)$ であり，
$$\mathcal{F}(f*g)=(2\pi)^{n/2}\mathcal{F}(f)\cdot\mathcal{F}(g),$$
$$\mathcal{F}^{-1}(fg)=(2\pi)^{-n/2}\mathcal{F}^{-1}(f)*\mathcal{F}^{-1}(g)$$
となることを示せ．

【解】 (1)と(2)の前半は明らか．後半については

$$\begin{aligned}
\mathcal{F}(f*g)(\xi) &= (2\pi)^{-n/2} \int_{\mathbb{R}^n} \mathrm{e}^{-\sqrt{-1}\langle x,\xi\rangle}\,\mathrm{d}\boldsymbol{x} \int_{\mathbb{R}^n} f(\boldsymbol{x}-\boldsymbol{y})g(\boldsymbol{y})\,\mathrm{d}\boldsymbol{y} \\
&= (2\pi)^{-n/2} \int_{\mathbb{R}^n} \mathrm{e}^{-\sqrt{-1}\langle x-y,\xi\rangle} f(\boldsymbol{x}-\boldsymbol{y})\, \mathrm{e}^{-\sqrt{-1}\langle y,\xi\rangle} g(\boldsymbol{y})\,\mathrm{d}\boldsymbol{x}\mathrm{d}\boldsymbol{y} \\
&= (2\pi)^{-n/2} \int_{\mathbb{R}^n} \mathrm{e}^{-\sqrt{-1}\langle z,\xi\rangle} f(\boldsymbol{z})\, \mathrm{e}^{-\sqrt{-1}\langle y,\xi\rangle} g(\boldsymbol{y})\,\mathrm{d}\boldsymbol{x}\mathrm{d}\boldsymbol{y} \\
&= (2\pi)^{n/2} \mathcal{F}(f)(\xi)\mathcal{F}(g)(\xi).
\end{aligned}$$

もう1つの等式を得るには,今示した等式において f, g を $\mathcal{F}^{-1}f, \mathcal{F}^{-1}g$ に取りかえればよい. □

関数空間 $\mathcal{S}(\mathbb{R}^n)$ に位相を入れよう.このため

$$\|f\|_{k,\alpha} = \sup \|\boldsymbol{x}\|^k |D^\alpha f(\boldsymbol{x})|$$

と置く.部分集合 $\mathfrak{U} \subset \mathcal{S}(\mathbb{R}^n)$ について,つぎの性質が成り立つとき,$\mathfrak{U}$ を開集合という.「任意の $f_0 \in \mathfrak{U}$ に対して,適当な $k_1, \cdots, k_r, \alpha_1, \cdots, \alpha_r$ と $\epsilon > 0$ を選ぶことにより

$$\{f \in \mathcal{S}(\mathbb{R}^n);\ \|f-f_0\|_{k_1,\alpha_1} < \epsilon, \cdots, \|f-f_0\|_{k_r,\alpha_r} < \epsilon\} \subset \mathfrak{U}$$

とすることができる」.こうして定めた開集合の族が,開集合の公理を満たすことは明らかだろう.

今定めた位相に関して $\mathcal{S}(\mathbb{R}^n)$ 上の連続な線形汎関数 T を,シュワルツの**超関数**(あるいは**緩増加超関数**)という.$\mathcal{S}'(\mathbb{R}^n)$ によりシュワルツの超関数全体からなる線形空間とする.$\mathcal{D}'(U)$ の場合と同様にして,$\mathcal{S}(\mathbb{R}^n) \subset L^1(\mathbb{R}^n) \subset \mathcal{S}'(\mathbb{R}^n)$ と考えることができる.さらに,$\mathcal{D}'_0(\mathbb{R}^n) \subset \mathcal{S}'(\mathbb{R}^n) \subset \mathcal{D}'(\mathbb{R}^n)$ である.また,高々多項式の増大度をもつ関数 $f \in C^\infty(\mathbb{R}^n)$ は $\mathcal{S}'(\mathbb{R}^n)$ の元であり,f と $T \in \mathcal{S}'(\mathbb{R}^n)$ の積 fT が定義される.

(5.9)を念頭に置いて,$T \in \mathcal{S}'(\mathbb{R}^n)$ のフーリエ変換 $\mathcal{F}T \in \mathcal{S}'(\mathbb{R}^n)$ を $(\mathcal{F}T)(f) = T(\mathcal{F}(f))$ $(f \in \mathcal{S}(\mathbb{R}^n))$ と置いて定義する.$\mathcal{F}$ は

5.2 超関数とポアソンの方程式

$\mathcal{S}'(\mathbb{R}^n)$ からそれ自身への線形同型写像を与える.

例題 5.13

(1) $\mathbf{1}$ により $\mathbb{R}^n$ 上の恒等的に 1 に等しい関数を表わすとき, $\mathbf{1}, \delta_0 \in \mathcal{S}'(\mathbb{R}^n)$ であり, $\mathcal{F}(\mathbf{1})=(2\pi)^{n/2}\delta_0$ が成り立つことを示せ.

(2) $S^2(r)$ を $\mathbb{R}^3$ の原点を中心とする半径 r の球面とする. $T \in \mathcal{D}'_0(\mathbb{R}^3)$ を
$$T(f) = \int_{S^2(r)} f(\boldsymbol{x})\, d\sigma(\boldsymbol{x})$$
により定義するとき($d\sigma$ は $S^2(r)$ の面積要素),
$$(\mathcal{F}T)(\xi)\left(=(2\pi)^{-3/2}\int_{S^2(r)} e^{-\sqrt{-1}\langle x,\xi\rangle} d\sigma(\boldsymbol{x})\right)$$
$$=(2\pi)^{-3/2} 4\pi r \frac{\sin r\|\xi\|}{\|\xi\|}$$
であることを示せ*.

【解】

(1) $\mathcal{F}(\mathbf{1})=(2\pi)^{n/2}\delta_0$ を示すには, (5.8)において $\boldsymbol{x}=\boldsymbol{0}$ と置けばよい.

(2) 積分 $\int_{S^2(r)} e^{-\sqrt{-1}\langle x,\xi\rangle} d\sigma(\boldsymbol{x})$ は回転に関して不変であるから, $\xi/\|\xi\| = (0,0,1)$ と仮定してよい. 極座標 $x_1 = r\sin\theta\cos\phi$, $x_2 = r\sin\theta\sin\phi$, $x_3 = r\cos\theta$ を $S^2(r)$ に制限することにより, $S^2(r)$ の径数表示が得られるが, この径数表示に対する面積要素は $d\sigma = r^2\sin\theta d\theta d\phi$ により与えられる. さらに $\langle \boldsymbol{x},\xi\rangle = r\|\xi\|\cos\theta$ に注意すれば
$$\int_{S^2(r)} e^{-\sqrt{-1}\langle x,\xi\rangle} d\sigma(\boldsymbol{x}) = 2\pi r^2 \int_0^\pi e^{-\sqrt{-1} r\|\xi\|\cos\theta}\sin\theta\, d\theta$$
となる. ここで変数変換 $t=-\cos\theta$ をおこなえば, これは
$$2\pi r^2 \int_{-1}^1 e^{\sqrt{-1}r\|\xi\|t}\, dt = \frac{2\pi r^2}{\sqrt{-1}r\|\xi\|}\left(e^{\sqrt{-1}r\|\xi\|} - e^{-\sqrt{-1}r\|\xi\|}\right)$$
$$= 4\pi r \frac{\sin r\|\xi\|}{\|\xi\|}$$
に等しい. □

---

* この結果は, 本講座「物の理・数の理 3」で 3 次元波動方程式の解を求めるのに用いられる.

---超関数の理論---

　超関数の理論は，工学や物理学に現われる「奇妙な関数」(にもかかわらず有効な関数「もどき」)を数学の立場から厳密な概念にしようとする試みから，ローラン・シュワルツにより創始された[9]．ヘビサイドやディラックらにより，あたかもふつうの関数のごとく扱われていたものを，滑らかな関数のなす(位相)線形空間上の連続な線形汎関数というかたちで定式化したのである．たとえば例題 5.4 に現われたヘビサイド関数 $H(x)$ は，その「微分」とともに工学の問題に頻繁に登場する．またディラックにより導入された δ_0 は量子物理学における「固有関数展開＝平面波展開」に現われる．

　その後，ゲルファントや佐藤幹夫によって精密化と一般化がおこなわれ，超関数は現代の解析学のみならず幾何学においても必須の「道具」となっている．なかでも，ヘルマンダーらによって基礎付けられた線形偏微分方程式論においては，超関数の概念は基本的役割をはたしている．その一端は，本節で述べたラプラシアンの基本解(グリーン関数)の中にみることができる．

課題 5.2

(1) $T \in \mathcal{D}'_0(\mathbb{R}^n)$，すなわち T の台がコンパクトであるとき，$\mathcal{F}(T)$ は $\boldsymbol{C}^n$ 上の正則関数の $\mathbb{R}^n$ への制限であり(とくに $\mathcal{F}(T)$ は滑らか)，さらに $\mathcal{F}(T) \in \mathcal{O}(\mathbb{R}^n)$，すなわち，$\mathcal{F}(T)$ は高々多項式の増大度をもつことを示せ．

(2) $S \in \mathcal{D}'_0(\mathbb{R}^n)$，$T \in \mathcal{S}'(\mathbb{R}^n)$ に対して，$S * T \in \mathcal{S}'(\mathbb{R}^n)$ であり，$\mathcal{F}(S * T) = (2\pi)^{n/2}(\mathcal{F}S)(\mathcal{F}S)$ であることを示せ．これから，$\mathcal{F}^{-1}(\mathcal{F}(S)T) = (2\pi)^{-n/2} S * \mathcal{F}^{-1}T$ が従う．

■5.3　流れの密度，エネルギー運動量テンソル，力の密度

　ここで，あとで必要になる「流れの密度」，「エネルギー運動量テンソル」，「力の密度」を超ベクトル場(関数)として定義し

よう.

一般に,質点系 (V, m) の運動 $\boldsymbol{x}(t,x)=(x_1(t,x), x_2(t,x), x_3(t,x))$ に対して,時刻 t における質量密度超関数を $\rho(t,\boldsymbol{x})$ とする.**質量の流れの密度(超)関数(運動量密度)** $\boldsymbol{U}(t,\boldsymbol{x})$ は

$$\int_{\mathbb{R}^3} \boldsymbol{U}(t,\boldsymbol{x})\cdot\boldsymbol{g}(\boldsymbol{x})\,\mathrm{d}\boldsymbol{x} = \int_V \dot{\boldsymbol{x}}(t,x)\cdot\boldsymbol{g}(\boldsymbol{x}(t,x))\,\mathrm{d}m(x) \tag{5.11}$$

により定義されるベクトル値超関数である($\boldsymbol{g}$ は $\mathbb{R}^3$ 上の試料ベクトル値関数).

エネルギー運動量テンソル T_{ij} $(i,j=1,2,3)$ は

$$\int_{\mathbb{R}^3} T_{ij}(t,\boldsymbol{x})h(\boldsymbol{x})\,\mathrm{d}\boldsymbol{x} = \int_V \dot{x}_i(t,x)\dot{x}_j(t,x)h(\boldsymbol{x}(t,x))\,\mathrm{d}m(x)$$

により定義される超関数である.$\mathcal{E}(t,\boldsymbol{x})=\dfrac{1}{2}\sum_{i=1}^{3} T_{ii}$ を**運動エネルギー密度**という.明らかに $\int_{\mathbb{R}^3}\mathcal{E}(t,\boldsymbol{x})\mathrm{d}\boldsymbol{x}$ は運動エネルギー $\dfrac{1}{2}\int_V \|\dot{\boldsymbol{x}}(t,x)\|^2 \mathrm{d}m(x)$ に等しい.

また,運動方程式 $\ddot{\boldsymbol{x}}(t,x)\mathrm{d}m(x)=\mathrm{d}\boldsymbol{F}(t,x)$ において,

$$\int_V \boldsymbol{g}(\boldsymbol{x}(t,x))\cdot\mathrm{d}\boldsymbol{F}(t,x) = \int_{\mathbb{R}^3} \boldsymbol{g}(\boldsymbol{x})\cdot\boldsymbol{f}(t,\boldsymbol{x})\,\mathrm{d}\boldsymbol{x}$$

により特徴づけられる超ベクトル場 $\boldsymbol{f}(t,\boldsymbol{x})$ を**力の密度超関数**という.

例題 5.14 $\dfrac{\mathrm{d}\rho}{\mathrm{d}t}+\mathrm{div}\,\boldsymbol{U}=0$ を示せ(これを**連続の方程式**という).とくに,質量密度関数が滑らかであり,滑らかなベクトル場 $\boldsymbol{u}(t,x)$ により,$\dot{\boldsymbol{x}}(t,x)=\boldsymbol{u}(t,\boldsymbol{x}(t,x))$ と表わされるときには,$\boldsymbol{U}=\rho\boldsymbol{u}$ であり,連続の方程式は $\dfrac{\mathrm{d}\rho}{\mathrm{d}t}+\mathrm{div}\,(\rho\boldsymbol{u})=0$ と表わされる(このとき,質点系はベクトル場 $\boldsymbol{u}$ に沿って「**流体運動をおこなう**」という).

【解】 密度超関数の定義式 $\int_{\mathbb{R}^3} f(\boldsymbol{x})\rho(t,\boldsymbol{x})\mathrm{d}\boldsymbol{x}=\int_V h(\boldsymbol{x}(t,x))\mathrm{d}m(x)$ の両辺を t により微分すれば(この部分は形式的であるが,適当な仮定のもとで

厳密化される),

$$\int_{\mathbb{R}^3} h(\boldsymbol{x}) \frac{\mathrm{d}}{\mathrm{d}t} \rho(t, \boldsymbol{x}) \,\mathrm{d}\boldsymbol{x} = \int_V \dot{\boldsymbol{x}}(t, x) \cdot (\mathrm{grad}\, h)(\boldsymbol{x}(t, x)) \,\mathrm{d}m(x)$$
$$= \int_{\mathbb{R}^3} \boldsymbol{U} \cdot \mathrm{grad}\, h \,\mathrm{d}\boldsymbol{x} = -\int_{\mathbb{R}^3} \mathrm{div}\, \boldsymbol{U} \cdot h \,\mathrm{d}\boldsymbol{x}. \qquad \square$$

質量の流れの密度に対する連続の方程式は,質量が生成・消滅しないことを表わす質量保存則を別の形で体現している.

例題 5.15 質量の流れの密度 $\boldsymbol{U}=(U_1, U_2, U_3)$,力の密度 $\boldsymbol{f}=(f_1, f_2, f_3)$,エネルギー運動量テンソル T_{ij} について,つぎの等式が成り立つことを示せ.

$$\frac{\partial U_i}{\partial t} = f_i - \sum_{j=1}^{3} \frac{\partial T_{ij}}{\partial x_j}$$

また,ベクトル場 $\boldsymbol{u}=(u_1, u_2, u_3)$ に沿う流体運動に対しては,$T_{ij}=\rho u_i u_j$ であることを示せ.

【解】 後半は定義から明らか.前半については,質量の流れの密度の定義式(5.11)の両辺を t で微分すれば

$$\sum_{i=1}^{3} \int_{\mathbb{R}^3} \frac{\partial U_i}{\partial t} g_i(\boldsymbol{x}) \,\mathrm{d}\boldsymbol{x} = \sum_{i=1}^{3} \int_V \ddot{x}_i(t, x) g_i(\boldsymbol{x}(t, x)) \,\mathrm{d}m(x)$$
$$+ \sum_{i,j=1}^{3} \int_V \dot{x}_i(t, x) \dot{x}_j(t, x) \frac{\partial g_i}{\partial x_j}(\boldsymbol{x}(t, x)) \,\mathrm{d}m(x)$$
$$= \sum_{i=1}^{3} \int_{\mathbb{R}^3} f_i(t, \boldsymbol{x}) g_i(\boldsymbol{x}) \,\mathrm{d}\boldsymbol{x} + \sum_{i,j=1}^{3} \int_{\mathbb{R}^3} T_{ij}(t, \boldsymbol{x}) \frac{\partial g_i}{\partial x_j}(\boldsymbol{x}) \,\mathrm{d}\boldsymbol{x}$$
$$= \sum_{i=1}^{3} \int_{\mathbb{R}^3} f_i(t, \boldsymbol{x}) g_i(\boldsymbol{x}) \,\mathrm{d}\boldsymbol{x} - \sum_{i,j=1}^{3} \int_{\mathbb{R}^3} \frac{\partial T_{ij}}{\partial x_j}(t, \boldsymbol{x}) g_i(\boldsymbol{x}) \,\mathrm{d}\boldsymbol{x}$$

を得る.主張はこれから従う. $\square$

■5.4 静電場と静磁場

電気・磁気現象の観察についての歴史は古く,すでに前6世紀に古代ギリシアの自然哲学者ターレスが静電気の現象に注目したといわれる.しかし,電気・磁気についての研究が本格化

したのは 17 世紀になってからである(ギルバートによる静電気の観察,ゲーリッケによる放電現象の研究など).さらに,グレイによる電気的性質の移動の発見(1729年)は,電気の「実在性」を確かなものにした.そして,ニュートン力学の完成から 100 年経って,1785 年のクーロンの画期的業績を境に,ようやく精密科学としての電気・磁気の研究がおこなわれるようになったのである.ここでは,このような歴史の到達点に視座を置き,真空における**静電場**と**静磁場**について簡単に復習する.

電荷系 $(V_0, e_0, \boldsymbol{x}_0(\cdot))$,は質量の代わりに電荷の分布状態を表わす V_0 上の実数値測度 e_0(電荷測度という)が与えられた物体である.質点に対応する概念は**点電荷**であり,その電荷は正または負の実数である.電荷系の**電荷分布**および**電荷密度**が,質量の場合と同様に定義される.

電荷系の運動を**電流**といい,質量の流れの密度関数と同様に,**電流密度**(関数) $\boldsymbol{i}(t,\boldsymbol{x})$ がベクトル値超関数として定義される.電荷密度を ρ とするとき,電荷が生成・消滅しないことを表わす**電荷保存則**は,**連続の方程式**

$$\frac{\partial \rho}{\partial t}+\mathrm{div}\,\boldsymbol{i}=0 \qquad (5.12)$$

として表現される(証明は,質量密度の場合とまったく同じである).もし,電荷密度と電流密度が時間によらない場合には,**定常電流**とよばれる.このとき連続の方程式により,$\mathrm{div}\,\boldsymbol{i}=0$ である.

電流密度としては,つぎのような場合を考察の対象とすることが多い.

i)(曲線上を流れる電流) 曲線 c に沿う接ベクトル場 I により

$$\int_{\mathbb{R}^3} i \cdot X \, dx = \int_c I(t) \cdot X(c(t)) \, dt$$

により定義される．ここで t は弧長径数($\|\dot{c}\|\equiv 1$)である．条件 div $i=0$ は，定数 α により，$I(t)=\alpha \dot{c}(t)$ と表わされることと同値である(例題 4.5)

ii)（曲面上を流れる電流）曲面 M に接するベクトル場 I により

$$\int_{\mathbb{R}^3} i \cdot X \, dx = \int_M I(p) \cdot X(p) \, d\sigma(p)$$

により定義される．div $i=0$ であるための条件は，$\mathrm{div}_M I=0$ となることである．実際，例題 4.9 により

$$\int_{\mathbb{R}^3} \mathrm{div}\, i \, f \, dx = -\int_{\mathbb{R}^3} i \cdot \mathrm{grad}\, f \, dx$$
$$= -\int_M I \cdot \mathrm{grad}_M f \, d\sigma = \int_M \mathrm{div}_M I \, f \, d\sigma$$

である．

以下，時間によらない電荷密度と定常電流のみを考え，電荷と電流のない場所は真空と仮定する．

電荷密度 ρ と電流密度 i が与えられると，**電場 E** および**磁場(磁束密度) B** が引き起こされ，それらは位置 $x(x)$ と速度 $\dot{x}(x)$ をもつ電荷系 (V, e) につぎのような力を及ぼす．

$$d\boldsymbol{F}(x) = \bigl[\boldsymbol{E}(\boldsymbol{x}(x))+\dot{\boldsymbol{x}}(x)\times \boldsymbol{B}(\boldsymbol{x}(x))\bigr]de(x) \qquad (5.13)$$

これを**ローレンツの力**という．

クーロンの法則や**ビオ-サバールの法則**を整理することにより得られる**静電場と静磁場の基本法則**によれば，電荷密度 ρ と電流密度 i が与えられたときの電場 E および磁場 B はつぎの方程式を満たす．

$$\epsilon_0 \text{ div } \boldsymbol{E} = \rho, \quad \text{rot } \boldsymbol{E} = 0, \tag{5.14}$$

$$\text{div } \boldsymbol{B} = 0, \quad \text{rot } \boldsymbol{B} = \mu_0 \boldsymbol{i} \tag{5.15}$$

ここで，$\epsilon_0 > 0$ は真空の**誘電率**とよばれる定数であり，$\mu_0 > 0$ も**透磁率**とよばれる定数である．(5.14) の最初の式 $\epsilon_0 \text{ div } \boldsymbol{E} = \rho$ は，**静電場に対するガウスの法則**とよばれ，(5.15) の最初の式 $\text{div } \boldsymbol{B} = 0$ は**静磁場に対するガウスの法則**とよばれる．また，(5.15) の2番目の式は**アンペールの法則**とよばれる．電場の方程式と磁場の方程式はそれぞれ独立であることに注意しよう．

例題 5.16 電荷密度 ρ_0 および電流密度 $\boldsymbol{i}$ の台が有界とする．つぎの事柄を，静電場と静磁場の基本法則から導け．
(ⅰ) (**クーロンの法則**) 電荷密度 ρ_0 の電荷系が引き起こす電場 $\boldsymbol{E}$ が，もし無限遠で $\boldsymbol{0}$ になるとき，

$$\boldsymbol{E}(\boldsymbol{x}) = \frac{1}{4\pi\epsilon_0} \int_{\mathbb{R}^3} \frac{\boldsymbol{x}-\boldsymbol{y}}{\|\boldsymbol{x}-\boldsymbol{y}\|^3} \rho_0(\boldsymbol{y}) \, d\boldsymbol{y}$$

により与えられる．
(ⅱ) (**ビオ-サバールの法則**) 電流密度 $\boldsymbol{i}$ の引き起こす磁場 $\boldsymbol{B}$ は，もし無限遠で $\boldsymbol{0}$ になるとき，

$$\boldsymbol{B}(\boldsymbol{x}) = \frac{\mu_0}{4\pi} \int_{\mathbb{R}^3} \frac{\boldsymbol{i}(\boldsymbol{y}) \times (\boldsymbol{x}-\boldsymbol{y})}{\|\boldsymbol{x}-\boldsymbol{y}\|^3} \, d\boldsymbol{y}$$

により与えられる．

【解】
(ⅰ) $f(\boldsymbol{x}) = \dfrac{1}{4\pi\epsilon_0} \displaystyle\int_{\mathbb{R}^3} \dfrac{\rho_0(\boldsymbol{y})}{\|\boldsymbol{x}-\boldsymbol{y}\|} d\boldsymbol{y}$ と置けば，例題 5.8 により電荷系に対するポアソンの方程式 $\Delta f = -\dfrac{1}{\epsilon_0} \rho_0$ を得る．よって，

$$\boldsymbol{E} = -\text{grad } f = \frac{1}{4\pi\epsilon_0} \int_{\mathbb{R}^3} \frac{\boldsymbol{x}-\boldsymbol{y}}{\|\boldsymbol{x}-\boldsymbol{y}\|^3} \rho_0(\boldsymbol{y}) \, d\boldsymbol{y}$$

と置けば，$\text{rot } \boldsymbol{E} = -\text{rot}(\text{grad } f) = 0$，$\epsilon_0 \text{ div } \boldsymbol{E} = -\epsilon_0 \text{ div}(\text{grad } f) = -\epsilon_0 \Delta f = \rho_0$ を満たす．もし，$\text{rot } \boldsymbol{E}' = 0$，$\epsilon_0 \text{ div } \boldsymbol{E}' = \rho_0$ となるベクトル場 $\boldsymbol{E}'$ で，無限遠で $\boldsymbol{0}$ となるものが存在すれば，$\boldsymbol{H} = \boldsymbol{E} - \boldsymbol{E}'$ は

無限遠で $\mathbf{0}$ で,しかも,rot $\boldsymbol{H}=\mathbf{0}$, div $\boldsymbol{H}=0$ であるから,演習問題 4.2(2), 5.3(3)により,$\Delta \boldsymbol{H}=\operatorname{grad}(\operatorname{div} \boldsymbol{H})-\operatorname{rot}(\operatorname{rot} \boldsymbol{H})=\mathbf{0}$ であるから,リュービユの定理により,$\boldsymbol{H} \equiv \mathbf{0}$ である.

(ii) $\boldsymbol{A}(\boldsymbol{x})=\dfrac{\mu_0}{4\pi} \int \dfrac{\boldsymbol{i}(\boldsymbol{y})}{\|\boldsymbol{x}-\boldsymbol{y}\|} \mathrm{d}\boldsymbol{y}=\dfrac{\mu_0}{4\pi} \dfrac{1}{r} * \boldsymbol{i}$ と置く.

$$\operatorname{div} \boldsymbol{A} = \dfrac{\mu_0}{4\pi} \operatorname{div}\left(\dfrac{1}{r} * \boldsymbol{i}\right) = \dfrac{\mu_0}{4\pi}\left(\dfrac{1}{r} * \operatorname{div} \boldsymbol{i}\right) = 0$$

および $\Delta \boldsymbol{A}=-\mu_0 \boldsymbol{i}$ であるから,

$$\boldsymbol{B} = \operatorname{rot} \boldsymbol{A} = \dfrac{\mu_0}{4\pi} \int_x \dfrac{\boldsymbol{i}(\boldsymbol{y}) \times (\boldsymbol{x}-\boldsymbol{y})}{\|\boldsymbol{x}-\boldsymbol{y}\|^3} \mathrm{d}\boldsymbol{y}$$

と置けば,div $\boldsymbol{B}$=div(rot $\boldsymbol{A}$)=0, rot $\boldsymbol{B}$=rot(rot $\boldsymbol{A}$)=grad(div $\boldsymbol{A}$)$-\Delta \boldsymbol{A}=\mu_0 \boldsymbol{i}$. $\boldsymbol{B}$ の一意性は(i)と同様である. □

一般に,電場 $\boldsymbol{E}$ に対して,$\boldsymbol{E}=-\operatorname{grad} f$ となる関数 f を $\boldsymbol{E}$ に対する**静電ポテンシャル**(あるいは**電位**)といい,磁場 $\boldsymbol{B}$ に対して,$\boldsymbol{B}=\operatorname{rot} \boldsymbol{A}$ となるベクトル場 $\boldsymbol{A}$ を $\boldsymbol{B}$ に対する**ベクトル・ポテンシャル**という.

クーロンの法則に注目すると,電荷の生成する力は物体が引き起こす重力ときわめてよく似ている.しかし,重力は宇宙規模で作用し,電荷の生成する力はきわめて局所的な作用である.さらに重要な違いは,重力場の場合,$f_V \equiv 1$ であったが(すなわち,重力場のもとで質点はその質量によらず同じ加速度を得る),電場の場合は一般に $f_V \equiv 1$ とはならないことである.

例題 5.17 電場 $\boldsymbol{E}$ が,電荷測度 e と質量測度 m をもつ電荷系 $(V, e, \boldsymbol{x}(\cdot))$ に引き起こす力 $\boldsymbol{F}$ を考える.
(1) $f_V=\mathrm{d}e/\mathrm{d}m$ とするとき,$\boldsymbol{E}$ は $\boldsymbol{F}$ に対する力の場であることを示せ.
(2) ρ を $(V, e, \boldsymbol{x}(\cdot))$ に対する電荷密度とするとき,$\boldsymbol{F}$ の力の密度関数は $\rho \boldsymbol{E}$ であることを示せ.静電場の法則 (5.14) により,$\rho \boldsymbol{E}=\epsilon_0 (\operatorname{div} \boldsymbol{E})\boldsymbol{E}$ であることに注意.

【解】
(1)については

―― 正の電気と負の電気 ――

1733年,デュフェイ(1698-1739)は,ガラス棒で絹を摩擦したときに発生する電気と,樹脂を猫の皮で摩擦したときに発生する電気は性質を異にすることを発見した.そして,電気には2種類のものがあり,同種の電気の間では斥力が働き,異種の電気の間では引力が働くことを見出した.

2種類あるものとしてすぐに思い浮かぶのが正数と負数である.B. フランクリン(1706-1790)は,電気の1流体説を唱え,その「過剰」な状態がプラス,「不足」の状態がマイナスとし,ガラス電気を正の電気,樹脂電気を負の電気とした.ここで,同符合の数のかけ算は正になり,異符号の数のかけ算は負になることを思い出せば,これは,同種の電気が反発し,異種の電気は引きつけ合うことと関係がありそうである.そこで,電気は電荷という正負を取る「量」をもち,正の電荷をもつ電気が正の電気,不の電荷をもつ電気が負の電気とするのが自然になる.そして,e_1, e_2 を電荷とする2つの電気について,$e_1 e_2$ が正のとき斥力,負のとき引力となる.この考え方が自然であることは,e_1, e_2 を電荷とする2つの電気について,それらの間に働く力の大きさが $|e_1 e_2|/r^2$ (r は距離) に比例することが,キャベンディッシュ(1773年)とクーロン(1785年)により確かめられたときに完全なものになったのである.

さて,上で述べたように,電荷の正負はガラス電気と樹脂電気に正負をつけることで決められたが,それを逆にしたらどうなるだろう.じつは,電気の法則はなんら変更を受けないのである.しかし,この歴史的な習慣は,電子に負の電荷をもたせ,その結果,電子の流れである電流が,電子の運動とは逆向きになるという「奇妙」な事情を作り出している.

$$d\boldsymbol{F}(x) = \boldsymbol{E}(\boldsymbol{x}(x))\,de(x) = f_V(x)\boldsymbol{E}(\boldsymbol{x}(x))\,dm(x)$$

からただちに従う.
(2)は電荷密度の定義から従う. □

例題 5.18 $e_1 e_2 < 0$ であるような電荷 e_1, e_2 を持つ2つの点電荷の,クーロン力のもとでの運動について論ぜよ.

【解】 $\boldsymbol{x}_i$ $(i=1,2)$ を電荷 e_i をもつ点電荷の位置とし,m_i をその質量とする.$\boldsymbol{x}_i$ が引き起こす電場は

$$\frac{e_i}{4\pi\epsilon_0}\frac{\boldsymbol{x}-\boldsymbol{x}_i}{\|\boldsymbol{x}-\boldsymbol{x}_i\|^3}$$

であるから運動方程式は

$$m_1\ddot{\boldsymbol{x}}_1 = \frac{e_1 e_2}{4\pi\epsilon_0}\frac{\boldsymbol{x}_1-\boldsymbol{x}_2}{\|\boldsymbol{x}_1-\boldsymbol{x}_2\|^3},\quad m_2\ddot{\boldsymbol{x}}_2 = \frac{e_1 e_2}{4\pi\epsilon_0}\frac{\boldsymbol{x}_2-\boldsymbol{x}_1}{\|\boldsymbol{x}_2-\boldsymbol{x}_1\|^3}$$

により与えられる.よって,重力場における2体問題の場合と同様に,慣性中心は等速直線運動をおこなう.また,$\boldsymbol{y}=\boldsymbol{x}_2-\boldsymbol{x}_1$,$\mu=m_1 m_2/(m_1+m_2)$ と置けば

$$\mu\ddot{\boldsymbol{y}} = \frac{e_1 e_2}{4\pi\epsilon_0}\frac{\boldsymbol{y}}{\|\boldsymbol{y}\|^3} \tag{5.16}$$

となる.これは例題 5.2 における方程式(5.1)と同じ形をしているから,重力場における2体問題とまったく同様の運動(ケプラー運動)をすることがわかる. □

例題 5.19 一様な磁場 $\boldsymbol{B}=(0,0,b)$ のもとでの,電荷 e をもつ質量 m の質点の運動について論ぜよ.

【解】 ローレンツの力のもとで,$m\ddot{\boldsymbol{x}}=q\dot{\boldsymbol{x}}\times\boldsymbol{B}(\boldsymbol{x})$ が運動方程式であるから,これを成分で表わせば,

$$m\ddot{x}_1 = eb\dot{x}_2,\quad m\ddot{x}_2 = -eb\dot{x}_1,\quad m\ddot{x}_3 = 0$$

となる.これを解いて,

$$\dot{x}_1 = A\cos\omega(t+t_1),\quad \dot{x}_2 = -A\sin\omega(t+t_2),\quad x_3 = \alpha t+\beta$$

ここで,$\omega=\dfrac{eb}{m}$ である.さらに

$$x_1 = \frac{A}{\omega}\sin\omega(t+t_0)+\alpha_1,\quad x_2 = \frac{A}{\omega}\cos\omega(t+t_0)+\beta_1$$

となるから,もし,初期の位置と初期速度ベクトルが $x_1 x_2$ 平面上にあれば,質点は同じ平面上で半径が A/ω の円周上を等速運動する.これを**サイクロトロン運動**といい,ω を**サイクロトロン振動数**という. □

例題 5.20

(1) $r^2=x^2+y^2$ として

$$
\boldsymbol{A} = \begin{cases} \dfrac{b}{2}(-y, x, 0) & (r \leq 1) \\[2mm] \dfrac{b}{2}\left(-\dfrac{y}{r^2}, \dfrac{x}{r^2}, 0\right) & (r > 1) \end{cases}
$$

とするとき, ベクトル値超関数として, div $\boldsymbol{A} \equiv \boldsymbol{0}$ および

$$
\boldsymbol{B} = \operatorname{rot} \boldsymbol{A} = \begin{cases} (0, 0, b) & (r \leq 1) \\ (0, 0, 0) & (r > 1), \end{cases}
$$

であることを示せ.

(2) $M = \{(x_1, x_2, x_3);\ x_1^2 + x_2^2 = 1\}$ を半径 1 の円柱として, M に接するベクトル場 $I = b(y, -x, 0)$ を考え, 電流密度 $\boldsymbol{i}$ をベクトル値超関数として,

$$
\int_{\mathbb{R}^3} \boldsymbol{i}(\boldsymbol{x}) \cdot X(\boldsymbol{x})\ \mathrm{d}\boldsymbol{x} = \int_M I \cdot X\ \mathrm{d}\sigma
$$

として定義する. ここで, $\mathrm{d}\sigma$ は円柱面 M 上の面積要素とする. 上の A に対して, ベクトル値超関数として $\Delta \boldsymbol{A} = -\operatorname{rot} \boldsymbol{B} = \boldsymbol{i}$ となることを示せ.

物理的には, 電流密度 $\boldsymbol{i}$ は円柱面 M に巻かれた電線を流れる定常電流を表わすものと考えられる. これをソレノイドという. 言いかえれば無限に伸びているソレノイドにより引き起こされる磁場は, ソレノイドの内部では一様な磁場であり, 外部の磁場は 0 である.

【解】 (2)を示す. 最初の等式 $\boldsymbol{B} = \operatorname{rot} \boldsymbol{A}$ は, 演習問題 4.2(2), 5.3(3)から従う. 円柱座標 $x_1 = r\cos\theta$, $x_2 = r\sin\theta$, $x_3 = z$ を使えば, $X = (a_1, x_2, x_3)$ に対して,

$$
\begin{aligned}
\int_{\mathbb{R}^3} &-\operatorname{rot} \boldsymbol{B} \cdot X\ \mathrm{d}\boldsymbol{x} = -\int_{\mathbb{R}^3} \boldsymbol{B} \cdot \operatorname{rot} X\ \mathrm{d}\boldsymbol{x} \\
&= -b \int_{r \leq 1} \left(\frac{\partial a_2}{\partial x_1} - \frac{\partial a_1}{\partial x_2}\right) \mathrm{d}x_1 \mathrm{d}x_2 \mathrm{d}x_3 \\
&= -b \int_{-\infty}^{\infty} \mathrm{d}z \int_0^1 r\ \mathrm{d}r \\
&\quad \times \int_0^{2\pi} \left(\cos\theta \frac{\partial a_2}{\partial r} - \frac{1}{r}\sin\theta \frac{\partial a_2}{\partial \theta} - \sin\theta \frac{\partial a_1}{\partial r} - \frac{1}{r}\cos\theta \frac{\partial a_1}{\partial \theta}\right) \mathrm{d}\theta
\end{aligned}
$$

となる.

電磁気学の法則に潜む矛盾

ニュートン力学における普遍法則は，万有引力の法則がそうだったように慣性系の取り方によらないはずであるが，静電場と静磁場の理論はこの要請に応えていない．たとえば，例題 5.19 によれば，慣性系 (x_1, x_2, x_3, t) において $x_1 x_2$ 平面上で静止している荷電粒子は，一様な磁場のもとでは力が作用せず静止したままである．ところが，この慣性系に対して相対速度 $(v, 0, 0)$ で運動している別の慣性系 (y_1, y_2, y_3, t) で観測すれば，「同じ」磁場のもとで，この粒子は速度 $(-v, 0, 0)$ で運動していることになるから，ローレンツ力により円運動をおこなうはずである．これは明らかに矛盾である．では，どこに間違いがあるのだろうか．じつは，「同じ」磁場ということが問題なのであり，磁場と電場は統一的に扱う必要を示唆しているのである．そして，この矛盾を完全に解決するには，特殊相対論の登場を待たなければならない*.

---

* 本講座「物の理・数の理 3」参照.

$$\int_0^1 r\cos\theta \frac{\partial a_2}{\partial r}\,dr = \cos\theta\, a_2(1,\theta) - \int_0^1 \cos\theta\, a_2(r,\theta,z)\,dr,$$

$$-\int_0^{2\pi} \sin\theta \frac{\partial a_2}{\partial \theta}\,d\theta = \int_0^{2\pi} \cos\theta\, a_2(r,\theta,z)\,d\theta,$$

$$-\int_0^1 \sin\theta \frac{\partial a_1}{\partial r}\,dr = -\sin\theta\, a_1(1,\theta) + \int_0^1 \sin\theta\, a_1(r,\theta,z)\,dr,$$

$$-\int_0^{2\pi} \cos\theta \frac{\partial a_1}{\partial \theta}\,d\theta = -\int_o^{2\pi} \sin\theta\, a_2(r,\theta,z)\,d\theta$$

に注意すれば，$d\sigma = d\theta dz$ であるから

$$\int_{\mathbb{R}^3} -\mathrm{rot}\,\boldsymbol{B}\cdot X\,d\boldsymbol{x} = \int_{-\infty}^{\infty} dz \int_0^{2\pi} (by, -bx, 0)\cdot(a_1, a_2, a_3)\,d\theta = \int_S I\cdot X\,d\sigma$$

を得る． □

本章を終えるに当たって，電場と磁場に関する現象論的法則を述べておこう．電場 $\boldsymbol{E}$ の存在する導体の中では電流 $\boldsymbol{i}$ が流れ，

$$\boldsymbol{i} = \sigma \boldsymbol{E} = -\sigma\,\mathrm{grad}\,f \tag{5.17}$$

5.4 静電場と静磁場

を満たすことが知られている．ここで σ は導体の種類により決まる正の定数であり，**電気伝導率**とよばれる．関係式(5.17)は**オームの法則**にほかならない(Ohm, 1827年)．$\rho=\sigma^{-1}$ は**抵抗率**とよばれる．

注意 閉じた導線 C を考え，電流の流れる方向に C に向きを与えると，オームの法則から

$$\int_C \boldsymbol{i}\cdot\boldsymbol{t}\,\mathrm{d}s = -\sigma\int_C \mathrm{grad}\,f\cdot\boldsymbol{t}\,\mathrm{d}t = -\sigma\int_C \frac{\mathrm{d}f}{\mathrm{d}t}\,\mathrm{d}t = 0$$

となって矛盾が生じるようにみえる．これは，閉じた導線に電流を流すには，**起電力**が必要なことを意味しているのである．すなわち，$\boldsymbol{E}$ のほかに電流を流しつづける原因を作る電場 $\boldsymbol{E}^{\mathrm{ex}}$ が存在して，(5.17)の代わりに $\boldsymbol{i}=\sigma(\boldsymbol{E}+\boldsymbol{E}^{\mathrm{ex}})$ が成り立っていると考えなければならない．$\boldsymbol{E}^{\mathrm{ex}}$ は静電ポテンシャルをもたず，したがって $\int_C \boldsymbol{E}^{\mathrm{ex}}\cdot\boldsymbol{t}\,\mathrm{d}s$ は 0 と異なっていてもよい．

通常，起電力は電池により与えられるが，電池がなくても起電力を生じさせることが可能である．それは発電機であり，その理論的根拠はファラデーにより発見された電磁誘導の理論である*．

つぎに電気伝導率 σ をもつ板状の導体 H を考え，それに一様な磁場 $\boldsymbol{B}$ が垂直に働いているとする．このとき，H 上の一様な電場 $\boldsymbol{E}$ と H 上を流れる定常電流 $\boldsymbol{i}$ の間には，オームの法則を変更した法則である**ホール効果**が成り立つ(Hall, 1879年)．これを述べるために，H を x_1x_2 平面とし，$\boldsymbol{B}=(0,0,b)$, $\boldsymbol{E}=(E_1,E_2,0)$, $\boldsymbol{i}=(i_1,i_2,0)$ としよう．ホール効果は，$\boldsymbol{E}$ と $\boldsymbol{i}$ の間に

$$\begin{pmatrix} i_1 \\ i_2 \end{pmatrix} = \begin{pmatrix} \sigma_{11} & \sigma_{12} \\ \sigma_{21} & \sigma_{22} \end{pmatrix} \begin{pmatrix} E_1 \\ E_2 \end{pmatrix} \tag{5.18}$$

という関係があることを主張する．ここで $\begin{pmatrix} \sigma_{11} & \sigma_{12} \\ \sigma_{21} & \sigma_{22} \end{pmatrix}$ の逆行

---

* 本講座「物の理・数の理 3」参照．

列を $\begin{pmatrix} \rho_{11} & \rho_{12} \\ \rho_{21} & \rho_{22} \end{pmatrix}$ とするとき，$\rho_{11}=\rho_{22}$ であり，これは H の抵抗率 ρ に等しい(したがって，ρ_{11} は磁場にはよらない)．さらに，$\rho_{12}=-\rho_{21}$ であり，これを**ホール抵抗率**という．ホール抵抗率は磁場の大きさに比例する．$\rho_{12}=-rb$ とするとき，r は**ホール係数(定数)** とよばれる．逆行列の公式から

$$\sigma_{11} = \frac{\rho_{11}}{\rho_{11}{}^2+\rho_{12}{}^2} = \frac{\sigma}{1+r^2b^2\rho^{-2}},$$

$$\sigma_{12} = -\sigma_{21} = -\frac{\rho_{12}}{\rho_{11}{}^2+\rho_{12}{}^2} = \frac{\sigma r b \rho^{-1}}{1+r^2b^2\rho^{-2}}$$

を得る．

演習問題 5.4

(1) 電圧 $\boldsymbol{E}$ と電流 $\boldsymbol{i}$ のなす角 θ を**ホール角**という．次式を示せ．

$$\sigma_{11} = \frac{\sigma}{1+\tan^2\theta}, \quad |\sigma_{12}| = \frac{\sigma\tan\theta}{1+\tan^2\theta}$$

(2) $\boldsymbol{E}^{\mathrm{ex}}=\boldsymbol{E}-\rho\boldsymbol{i}$ と置き，これを**ホール電場**という．$\boldsymbol{E}^{\mathrm{ex}}=r\boldsymbol{B}\times\boldsymbol{i}$ であることを示せ．

オームの法則やホール効果は，電荷系の運動としての電流がローレンツの力の他に「摩擦力」を受けることから生じると考えられる(微視的には，導体を形作る原子により，電流の中の電子が散乱されることによる)．これを説明するために，一様な質量密度 ρ_m と電荷密度 ρ_e をもつ電荷系の運動を考え，摩擦力は速度に比例すると仮定しよう．このとき運動方程式は $\dot{\boldsymbol{v}}=\alpha(\boldsymbol{E}+\boldsymbol{v}\times\boldsymbol{B})-\tau^{-1}\boldsymbol{v}$ により与えられる．ここで，$\boldsymbol{v}$ は速度ベクトル，$\alpha=\rho_e/\rho_m$ である(τ は緩和時間とよばれる)．この方程式の定常解は

$$\alpha(\boldsymbol{E}+\boldsymbol{v}\times\boldsymbol{B}) = \tau^{-1}\boldsymbol{v} \tag{5.19}$$

を満たす定ベクトル $\boldsymbol{v}$ により与えられる. $\boldsymbol{v}$ が $\boldsymbol{B}$ に垂直と仮定すれば, この両辺と $\boldsymbol{B}$ のベクトル積を取ることにより,

$$\alpha \boldsymbol{E}\times\boldsymbol{B} - \|\boldsymbol{B}\|^2 \boldsymbol{v} = \tau^{-1}\boldsymbol{v}\times\boldsymbol{B} \tag{5.20}$$

を得る. ここで, $(\boldsymbol{v}\times\boldsymbol{B})\times\boldsymbol{B} = (\boldsymbol{B}\cdot\boldsymbol{v})\boldsymbol{B} - \|\boldsymbol{B}\|^2\boldsymbol{v} = \|\boldsymbol{B}\|^2\boldsymbol{v}$ を使った. (5.19)と(5.20)から $\boldsymbol{v}\times\boldsymbol{B}$ を消去して $\boldsymbol{v}$ について解けば,

$$\boldsymbol{v} = \frac{\tau\alpha}{1+\tau^2\alpha^2\|\boldsymbol{B}\|^2}\left(\boldsymbol{E}+\tau\alpha\boldsymbol{E}\times\boldsymbol{B}\right) \tag{5.21}$$

となる. $\boldsymbol{i}=\rho_e\boldsymbol{v}$ であるから, (5.21)はオームの法則とホール効果を意味している. とくに $\boldsymbol{E}=(E_1,E_2,0)$, $\boldsymbol{i}=(i_1,i_2,0)$ として, これと(5.18)を較べれば,

$$\sigma = \rho_e{}^2\rho_m{}^{-1}\tau, \quad r = \rho_e{}^{-1}$$

が得られる.

 導体内を電流が流れると熱を発生するが, これは一種の「摩擦熱」と考えられる. エネルギー保存則の観点からは, つぎの例題がこの事情を説明する.

例題 5.21 電場 $\boldsymbol{E}$ と磁場 $\boldsymbol{B}$ によるローレンツの力のもとで運動する電荷系 (V,e) が電流密度 $\boldsymbol{i}$ をもつ定常電流をなしているとき, 電荷系の運動エネルギー $E(t)$ について

$$\frac{\mathrm{d}}{\mathrm{d}t}E(t) = \int_{\mathbb{R}^3}\boldsymbol{i}\cdot\boldsymbol{E}\,\mathrm{d}\boldsymbol{x}$$

が成り立つことを示せ. この式の右辺は, 定常電流が単位時間に発生する熱量と解釈され, これを**ジュール熱**という. よって, 電気伝導率 σ をもつ導体の中を流れる電流の発生するジュール熱は $\sigma\int_{\mathbb{R}^3}\|\boldsymbol{E}\|^2\mathrm{d}\boldsymbol{x}$ により与えられる.

単位系

これまでまったく触れなかった単位系について述べておこう．重力定数 G や重力加速度 g，誘電率 ϵ_0，透磁率 μ_0 などの物理定数は，長さ，時間，質量，電荷など，独立な量について単位となる量を決めることにより表わされる定数である．これらの単位量の族を**単位系**という．当然，単位系の取り方を変えれば，物理定数は異なる値になる．通常使われる単位系では，長さの単位を 1 メートル (m)，時間を 1 秒 (s)，質量を 1 キログラム (kg)，電荷を 1 クーロン (C) により表わす．他の多くの単位は，これらの単位系を「乗法的」に組み合わせて表わされる．たとえば，面積は m^2，速さ（速度の大きさ）は $m \cdot s^{-1}$，加速度は $m \cdot s^{-2}$，力は $kg \cdot m \cdot s^{-2}$，電流は $C \cdot s^{-1}$ を単位とする．これらの単位の形は，それぞれの定義から導かれるものである．一般には，k 個の独立な単位からなる単位系 $\boldsymbol{w}_1,\cdots,\boldsymbol{w}_k$ により表わされる物理定数 c が，$a_1\boldsymbol{w}_1,\cdots,a_k\boldsymbol{w}_k$ ($a_i\in\mathbb{R}$) を単位とする単位系では $a_1^{\alpha_1}\cdots a_k^{\alpha_k} c$ ($\alpha_i\in\boldsymbol{Z}$) に変わるとき，$c\boldsymbol{w}_1^{\alpha_1}\cdots \boldsymbol{w}_k^{\alpha_k}$ と表わす．多くの場合，電流の単位アンペア $A = C \cdot s^{-1}$ を電荷の単位の代わりに基本単位とし，補助的にニュートン ($N = kg \cdot m \cdot s^{-2}$) を力を表わす単位として用いることもある．

これらの単位系を用いて，物理定数の具体的数値を与えておこう．

$$G\,(\text{重力定数}) = 6.6726 \times 10^{-11}\,m^3 \cdot kg^{-1} \cdot s^{-2}$$

【解】 主張はつぎのようにして電流密度の定義から導かれる．

$$\begin{aligned}
\int_{\mathbb{R}^3} \boldsymbol{i} \cdot \boldsymbol{E}\,d\boldsymbol{x} &= \int_V \dot{\boldsymbol{x}}(t,x) \cdot \boldsymbol{E}(\boldsymbol{x}(t,x))\,de(x) \\
&= \int_V \dot{\boldsymbol{x}}(t,x) \cdot \left(\boldsymbol{E}(\boldsymbol{x}(t,x)) + \dot{\boldsymbol{x}}(t,x) \times \boldsymbol{B}(\boldsymbol{x}(t,x))\right) de(x) \\
&= \int_V \dot{\boldsymbol{x}}(t,x) \cdot d\boldsymbol{F}(t,x) \\
&= \int_V \dot{\boldsymbol{x}}(t,x) \cdot \ddot{\boldsymbol{x}}(t,x)\,dm(x) = \frac{d}{dt}E(t).
\end{aligned}$$
□

電場と磁場に関しては，本講座「物の理・数の理 2」でもたびたび論じられることになるが，さらに「物の理・数の理 3」で

$$g\,(\text{重力加速度}) = 9.806\,\text{m}\cdot\text{s}^{-2}$$
$$\epsilon_0\,(\text{誘電率}) = 8.854\times 10^{-12}\,\text{A}^2\cdot\text{s}^2\cdot\text{N}^{-1}\cdot\text{m}^{-2}$$
$$\mu_0\,(\text{透磁率}) = 4\pi\times 10^{-7}\,\text{N}\cdot\text{A}^{-2}$$

ここで注目すべきことは,$(\epsilon_0\mu_0)^{-1/2}=2.9979\times 10^6\,\text{m}\cdot\text{s}^{-1}$ となり,これは真空中における光の速さに一致していることである.この事実はけっして偶然ではない*.

数学史上,量の範疇の違いに敏感だったのは,古代ギリシアの数学者である.ユークリッドの原論[10]を一瞥してもわかるとおり,線分の長さを表わす量と,面積を表わす量は厳格に区別され,それらの加減乗除には厳しい制限があった.したがって,代数的な問題も,幾何学的な意味付けを与えて,許される演算を意識しながら解くということがおこなわれていた.古代ギリシアの代数が「幾何代数」といわれる所以であり,真の意味の代数が発展しなかった理由となっている.この不自由な「縛り」は,デカルト(1596-1650)が登場して,量の範疇を超えた代数演算を可能にするまでつづいたのである.デカルト以来,物理的問題を扱う以外,数学者は「単位」ということにあまり注意を払わないようになった.

---

* 本講座「物の理・数の理 3」参照.

は,静的でない場合の電場・磁場が主題となる.

参考文献

　本書では，集合，写像，線形空間，線形写像などについて読者はすでに慣れ親しんでいるものとした．これらについて不慣れな読者は，
[1] 砂田利一：行列と行列式，岩波書店，2003.
を参照してほしい．

　ガウスの仕事を中心にした曲面の微分幾何学については，リーマン幾何学と併せて次の文献が参考になるだろう．
[2] 砂田利一：曲面の幾何，岩波講座 現代数学への入門 8(15)，岩波書店，1996.

　多様体は，現代幾何学の基本概念である．上記の本でも，多様体の解説が与えられているが，
[3] 松島与三：多様体入門，裳華房，1965.
は定評のあるテキストであり，本書を通じて必須の概念である多様体を学ぶために通読することを強く勧める．

　測度論，積分論については，その解析学への応用とともに
[4] W. Rudin: Real and Complex Analysis, McGraw-Hill, 1987.
を読むのが望ましい．

　数学者の「無限」概念に対する態度は，「選択公理」を集合論の公理として認めるところに表明されている．これとバナッハ・タルスキーの定理との関わりあいについては
[5] 砂田利一：バナッハ・タルスキーのパラドックス，岩波科学ライブラリー 49，岩波書店，1997.

を読むことを勧める．

　数理物理の数学的側面（特に関数解析学と偏微分方程式）に重点を置いた解説については，

[6] 谷島賢二：物理数学入門，東京大学出版会，1994．

が最適である．

　通読するのは決して容易ではないが，三体問題の数学的取り扱いを知るには

[7] C. L. Siegel and J. K. Moser: Lectures on Celestial Mechanics, Springer-Verlag, 1971.

を参照して欲しい．

　プリンキピアの邦訳としては，次の本を勧める．

[8] 河辺六男（責任編集）：ニュートン，世界の名著31，中央公論社，1979．

　超関数の理論については，やはりパイオニアであるシュワルツ自身による次の本を読むのが望ましい．

[9] L. シュワルツ（岩村聯，石垣春夫，鈴木文夫訳）：超函数の理論（原書第3版），岩波書店，1971．

　読者に是非勧めたいのが，2300年のときを経ても数学の本質を現代に伝える「ユークリッド原論」である．次の本には，その内容とともに原論についての歴史的解説が与えられている．

[10] 中村幸四郎，寺坂英孝，伊藤俊太郎，池田美恵（訳・解説）：ユークリッド原論（縮刷版），共立出版，1996．

索　引

英数字

1 径数局所変換群　50
1 径数変換群　57
3 体問題　71
4 元運動量（ガリレイ時空における）　35
4 元速度ベクトル（ガリレイ時空における）　31
N 体問題　66
ϵ-近傍　5
σ-代数　20

あ　行

アーベル群　7
アインシュタイン（A. Einstein）　18, 33, 61, 65
アフィン空間　1, 2, 9, 21, 49
アフィン写像　6, 10
アフィン部分空間　3, 6
アフィン変換　6
アフィン変換群　7
アンペールの法則　89
位相空間　5
位置　20, 24, 34
位置エネルギー　36
一般線形群　7, 9
一般相対論　61, 65
陰関数定理　38
ウー（Wu, Chien-Shiung）　14

渦度　53
運動エネルギー　35, 85
運動エネルギー密度　85
運動量　35
運動量保存則　35
運動量保存則（重力に対する）　67
運動量密度　85
エーテル　18, 32
エネルギー運動量テンソル　85
エネルギー保存則　36, 97
エネルギー保存則（重力に対する）　67
円柱座標　93
オームの法則　95, 96
同じ向き　9

か　行

開集合　5
開集合の公理　5, 82
回転　44, 57
回転（ベクトル場の）　53, 77
回転行列　8, 43, 44
回転群　8
解の存在と一意性　40
ガウス（C. F. Gauss）　1, 60
ガウス関数　80
ガウス曲率　60
ガウスの驚異の定理　60
ガウスの発散定理　64

ガウスの法則（静磁場に対する） 89
ガウスの法則（静電場に対する） 89
ガウス-ボンネの定理　61
角運動量　35
角運動量保存則　35, 67
角速度　32
可算加法性　21, 29
可積分　22
可積分関数　22, 23, 35, 72, 73, 75, 79
可測関数　21
可測空間　20, 23
可測写像　21, 23
可測集合　20
加速度ベクトル　31
加法群　7
ガリレイ時空　15, 20, 30, 65
ガリレイの相対性原理　18
ガリレイ変換　16
ガリレオ・ガリレイ（G. Galilei） 18, 65
慣性系（ガリレイ時空の） 16-18, 24, 30, 31, 34, 63, 65, 94
慣性質量　65
慣性中心　24
慣性の法則　18
慣性モーメント作用素　26
緩増加超関数　82
完備性　5, 23, 41
幾何ベクトル　3
奇置換　8
起電力　95
逆関数定理　39

キャベンディッシュ（H. Cavendish） 91
急減少関数　79
行列表示　6
極座標　27, 59, 69, 83
局所径数表示　58
極性ベクトル　14
曲面　58, 60, 88
距離　5
距離空間　5
ギルバート（W. Gilbert） 87
均質な密度　25
偶置換　8, 10
クーロン（C. A. Coulomb） 87, 91
クーロンの法則　88
クーロン力　91
グリーン作用素　69
グレイ（S. Gray） 87
群　7
計量線形空間　3, 12, 16, 23
ゲーリッケ（O. von Guericke） 87
ケプラー（J. Kepler） 68
ケプラーの法則　66
ゲルファント（I. M. Gel'fand） 84
交換子積　13
合成積　76
剛体　26
剛体運動　10
交代行列　13, 43, 44
合同変換　8
勾配　50, 61
コーシー列　5, 41

弧状連結　6, 9
弧長径数　88
コペルニクス(N. Copernicus)　18
固有振動数　48
コンパクト　6

さ 行

サイクロトロン運動　92
サイクロトロン振動数　92
佐藤幹夫　84
座標　4
作用素ノルム　42
三角不等式　4
時空　1
軸性ベクトル　14
次元(アフィン空間の)　2
仕事　37
指数関数　45
指数関数(線形作用素の)　42
磁束密度　88
実数値測度　21, 87
質点　20
質点系　20, 24, 30, 63, 85
質量　20, 65
質量測度　20
質量の流れの密度　85
質量分布　25, 76
質量保存則　19, 86
質量密度　78
質量密度関数　25, 26, 72, 85
磁場　88
斜交座標系　3, 6, 9, 10, 21, 49
重心　24
重力　63

重力加速度　65, 98
重力質量　65
重力定数　64, 98
重力場　64, 77, 90
重力ポテンシャル　64, 69, 76, 77
ジュール熱　97
主慣性モーメント　26
シュワルツ(L. Schwartz)　84
準同型写像(群の)　7
常微分方程式　40
試料関数　72, 77
伸縮　57
数空間　3, 10, 12, 21, 23, 78
スカラー・ポテンシャル　51, 55, 63
スンドマン(K. F. Sundman)　68
正規部分群　7
静磁場　87
静電場　87
静電場と静磁場の基本法則　88
静電ポテンシャル　90
積分　22
絶対空間　18
接ベクトル場(曲線の)　56, 87
接ベクトル場(曲面の)　58, 62, 88
線形汎関数　71, 82
線形微分方程式　42
線形部分(アフィン写像の)　6
線素　60
相対速度　16, 31
測地線　61
速度　31

測度　21
測度空間　20, 21, 23
ソレノイド　93

た 行

ターレス(Thales)　86
台(超関数の)　73
第 1 基本形式　60
第 1 基本形式の係数　59
対称行列　13
対称群　8
第 2 基本形式の係数　60
多重積分の変数変換公式　39
単位系　98
単位法ベクトル　58
単関数　22
力　34
力の場　63, 90
力の密度関数　85, 90
力のモーメント　35
置換　8, 10
チコ・ブラーエ(Tycho Brahe)　66
稠密　5
超関数　70
超ベクトル場　84
調和関数　74
調和振動子　46
調和振動子系　47
直交行列　8
直交群　7
直交座標系　4, 8, 23, 24, 50
直交変換　8
定義関数　22
抵抗率　95

定常電流　87, 93
定数係数線形微分方程式　42
テイラー展開　38, 60
ディラック(P. A. M. Dirac)　84
ディラック測度　25
ディリクレ問題　74
デカルト(R. Descartes)　99
デュフェイ(C. Dufay)　91
デルタ関数　72, 84
デルタ測度　72
電位　90
電荷系　87
電荷測度　87
電荷分布　87
電荷保存則　87
電荷密度　87, 90
電気伝導率　95
点電荷　87, 91
電場　88
電流　87
電流密度　87, 93
同型写像(群の)　7
同時刻　17
透磁率　89, 98
同相　5
同相写像　5
等速円運動　32
等速直線運動　31
特異台　74
特殊線形群　7
特殊相対論　18, 32, 94
特殊ユニタリ群　8
凸集合　53

な 行

内部相互作用　36
ナブラ ∇　51
滑らか　38
ニュートン(Sir Issac Newton)　70
ニュートンの運動法則　34, 65
ニュートンの運動方程式　34, 36, 39, 64, 66
ニュートン力学　1
ネイピア(J. Napier)　45
ノルム　3, 23, 39

は 行

パーセヴァルの定理　80
発散　51, 61, 77
発散(曲面の)　61
バナッハ空間　23, 39, 42
バナッハ-タルスキーのパラドックス　29
ハミルトンの演算子　51
汎関数　36
汎関数微分　36
反転公式(フーリエ変換の)　80
万有引力　63
万有引力の法則　64, 69, 70, 78, 94
ビオ-サバールの法則　88
光の速さ　32, 99
ひずみテンソル　57
微分積分学の基本定理　52
非ユークリッド幾何学　60
標準的計量　3, 12
標準的向き　10-12

ヒルベルト空間　23
ファラデー(M. Faraday)　95
フィッツジェラルド(G. F. Fitzgerald)　33
フーリエ変換　79
物体　20
プトレマイオス(C. Ptolemaios, Ptolemy)　18
部分群　7
部分積分　52
普遍法則　30, 65, 94
フラムスチード(J. Flamsteed)　71
フランクリン(B. Franklin)　91
平行移動(アフィン空間における)　2
平行線の公理　1
平衡点　46
平衡な位置　48
閉集合　5
並進　57
閉包　5
ベクトル積　12, 28
ベクトル値測度　21, 34, 36
ベクトル値超関数　77, 85
ベクトル場　49
ベクトル・ポテンシャル　90
ヘビサイド(O. Heaviside)　84
ヘビサイドの関数　73, 84
ヘルマンダー(L. V. Hörmander)　84
ヘルムホルツの定理　57, 75
変換行列　4, 9
ポアソンの方程式　77, 78

ポアソンの方程式(電荷系に対する)　89
ポアンカレ(H. Poincaré)　68
ポアンカレの補題　55
法ベクトル　58
ホール角　96
ホール係数　96
ホール効果　95
ホール抵抗率　96
ホール電場　96
保存場　63
ポテンシャル・エネルギー　36, 37, 47, 48
ポテンシャル・エネルギー(重力の)　63
ボレル集合族　21, 23

ま 行

マイケルソン–モーリーの実験　33
摩擦力　96
右手系　11, 12
密度超関数　72
向き(アフィン空間の)　10
無限小変換　50, 57
面積速度　15, 66
面積要素　59, 93
モデル(アフィン空間の)　2, 6, 16

や 行

ヤコビの恒等式　13
ヤン(Chen-Ning Yang)　14
有界線形作用素　42

ユークリッド(Euclid)　1
ユークリッド幾何学　1
ユークリッド距離　4
ユークリッド空間　3, 5, 8, 16, 23, 24
誘電率　89, 98
ユニタリ行列　8
ユニタリ群　8

ら 行

ライプニッツ則　13, 43, 52
ラグランジュ(J. L. Lagrange)　68
ラプラシアン　51, 69
リー(Tsung-Dao Lee)　14
リー環　13
リーマン(G. F. B. Riemann)　61
力学的エネルギー　36
リプシッツ条件　39, 40
流体運動　85
リュービユの定理(調和関数の)　74, 90
ルベーグ積分　23
連結　6
連続　5
連続曲線　5
連続体　25
連続の方程式　85, 87
ローレンツ(H. A. Lorentz)　33
ローレンツ行列　8
ローレンツ群　8
ローレンツの力　88, 92, 94, 96

■岩波オンデマンドブックス■

岩波講座 物理の世界 物の理 数の理 1
数学から見た物体と運動

	2004年 1月28日 第 1 刷発行
	2007年 2月 5日 第 3 刷発行
	2024年 9月10日 オンデマンド版発行

著 者　砂田利一(すなだとしかず)

発行者　坂本政謙

発行所　株式会社 岩波書店
　　　　〒101-8002 東京都千代田区一ツ橋2-5-5
　　　　電話案内 03-5210-4000
　　　　https://www.iwanami.co.jp/

印刷／製本・法令印刷

© Toshikazu Sunada 2024
ISBN 978-4-00-731480-3　Printed in Japan